내가 왜 이러나 싶을 땐 뇌과학

YOUR SUPERSTAR BRAIN
Copyright ⓒ2017 by Kaja Nordengen

Korean edition is published by arrangement with Kaja Nordengen, c/o Stilton Agency, Oslo
through the Danny Hong Agency. Seoul.
Korean translation copyright ⓒ 2019 by Rubypaper

이 책의 한국어판 저작권은 대니홍 에이전시를 통해 저작권자와 독점 계약한 루비페이퍼에 있습니다. 저작권법에 의하여 한국 내에서 보호를 받는 저작물이므로 무단 전재와 무단 복제를 금합니다.

뇌를 이해하면 내가 이해된다

내가 왜이러나 싶을땐 뇌과학

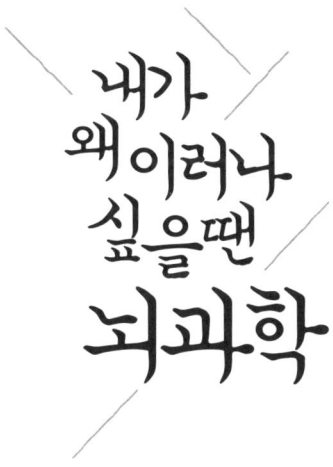

카야 노르뎅옌 지음 — **조윤경** 옮김

1\"\"\"\"

추천사

마이브리트 모세르 May-Britt Moser
노르웨이의 심리학자, 신경과학자이자 노르웨이과학기술대학교 NTNU 의 교수.
2014년에 뇌세포의 위치 정보처리 체계를 밝힌 공로로 에드바르 모세르 Edvard Moser,
존 오키프 John O'Keefe 와 함께 노벨의학상을 수상했다.

 우리 몸의 장기 중 뇌보다 복잡하고 경이로우며 신비로운 것은 없다. 지금도 인간은 끊임없이 뇌에 관한 수많은 질문을 던지고 답을 찾아 헤매고 있다. 1980년대에만 해도 아동 자폐증의 원인으로 '감정이 메마른 엄마'가 지목됐지만, 지금은 발달 전반에 걸친 장해로 인한 '전반적 발달 장애'로 분류할 만큼 뇌과학 영역에서의 지식과 이해도가 가파르게 상승세를 그리고 있는 중이다. 우리는 지금 뇌와 신체의 상호작용 그리고 여기에 관여하는 유전적 요인과 환경적 요인을 완전히 새롭게 이해할 수 있는 지식적 혁명의 문턱에 서 있다.

 이제 질환에 대한 통찰력과 이해는 전문가만의 영역이 아니라 사회 모든 구성원에게 필수다. 뇌가 어떻게 기능하고 또 신체 반응에 어떻게 기여하는지를 이해한다는 것은 인간으로서의 정체성과 능력을 이해한다는 것이다. 그뿐만 아니라 뇌에 문제가 생겼을 때 보다 나은 치료법과 개선책을 찾을 수 있다는 뜻이기도 하다. 덕분에 우리는 뇌기능 장애 증상과 성격장애증상을 구별하게 되었고 뇌 기능 장애가 뇌라는 시스템의 작동 실패에 의한 것이라는 것도 알게 되었다. 덕분에 앞으로는 뇌에 어떤 오류가 생겼으며 이를 어떻게 해결해야 할지 연구할 수 있을 것이다.

이 책의 저자 카야 노르뎅옌 Kaja Nordengen 은 뇌의 조직과 구조 기능을 다룬 최신 연구들과 자신의 경험을 잘 엮어서 일반인도 이해하기 쉽게 잘 풀어주었다. 실제 실험 내용들을 구체적으로 다루면서 검증된 사실을 전달하고, 자칫 난해하고 지루할 수 있는 학술적인 내용들을 재미있는 한편의 이야기를 들려주듯 유쾌한 톤으로 말하고 있다. 덕분에 궁금한 것투성이인 아이들부터 경험이 많은 노련한 어른들까지 잠자고 있던 호기심을 일깨워준다. 카야의 따뜻한 내레이션은 이 책을 덮고 난 후에도 여전히 독자들과 함께 남아있을 것이다.

차례

추천사 4

1 돌도끼에서 비행기까지 - 뇌의 진화

공룡이 멸망한 이유는 뇌 때문이다? - 뇌 진화의 마무리, 대뇌 피질 13
뇌가 크면 똑똑하다? - 뇌 크기와 지능의 상관관계 24
인간을 인간답게 만드는 - 대뇌 피질 30
연약한 존재에서 만물의 영장으로 - 보다 더 영리한 종으로의 진화 33

2 나는 어떻게 나인가 - 성격의 탄생

인간의 영혼은 어디쯤에 있을까? - 어쩌면 전두엽 39
두뇌 사령탑 - 전두엽의 중요성 44
2배의 효율? 2배의 비효율! - 멀티태스크 48
세 살 버릇 여든까지 가져가지 않는 법 - 뇌의 가소성 51
뇌의 협동이 만든 결과물 - 성격 53
'뇌'가 분리되면 '내'가 둘이 될까? - 우뇌와 좌뇌의 공생 58
왜 그들은 스스로 독극물을 마셨을까? - 집단사고의 위험성 62
성격도 병들 수 있을까? - 성격장애와 정신질환의 차이 68
정신력이 곧 체력이다 - 성격장애와 정신질환 70
과거와 미래를 생각하는 유일한 포유류 - 자기감의 발달 73
성격 유형 테스트 - 다양성 75

3 당신의 경험이 저장되는 과정 – 기억력과 학습

"도리? 그게 뭐지? 아! 내 이름이지?" - **단기기억** 81
노력은 배신하지 않는다 - **장기기억** 86
해마와 친구들 - **당신의 경험이 저장되는 과정** 89
광고에 현혹되는 정당한 이유 - **조건과 학습** 95
기억력을 높이는 가장 좋은 방법 - **집중력과 기억술** 100
처음이 어렵지 두 번은 쉬운 이유 - **시냅스의 연결 고리** 106
인간은 평생 뇌의 10%밖에 사용하지 못한다? - **용량 제한 없는 하드 디스크, 뇌** 113
잊은 게 아니라 아직 못 찾은 거예요 - **보통 사람의 기억법** 115
느리지만 지름길로, 후각 정보와 해마 - **냄새가 불러온 기억** 119
잃어버린 기억 - **블랙아웃과 억압기억** 122
잃어버릴 기억 - **치매** 126
망각은 신의 축복이다 - **기억력의 한계** 130

4 내 머릿속 내비게이션 – 뇌 GPS

내 머릿속 '현재 내 위치' - **장소 세포** 137
내 머릿속 '거리 측정기' - **격자 세포** 139
내 머릿속 '나침반'과 '장애물 감지 센서' - **HD 세포와 경계 세포** 142
내 머릿속 '속도 감지기' - **속도 세포** 145
내 머리 밖 정보 수집가 - **감각 정보** 147
훈련으로 머릿속 GPS를 업그레이드할 수 있을까? - **세상 모든 길치에게 희망을** 148

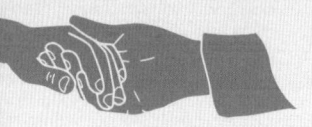

5 사랑은 신경전달물질을 타고 – 감정

감정 필터링의 힘 - 또 대뇌 피질 157
사랑을 먹고 자라는 뇌 - 부모의 사랑이 아이에게 미치는 영향 165
원초적 본능 - 성욕 169
남이 잘되면 배가 아픈 이유 - 질투심 173
복잡다단한 감정의 감기 - 우울증 174
오늘 일은 내일의 '뇌'가 책임지겠지… - 호르몬이 내 인생에 미치는 영향 179
참는 사람이 손해 - 승리하려면 분노하라 183
스트레스 받으면 빨리 늙는 뇌과학적 이유 - 스트레스 호르몬의 두 얼굴 185
불안에 대한 불안 - 과민 반응과 공황장애 188

6 만물의 영장으로서 존엄성 – 지능

"외모가 뛰어나면 지능도 높다는 연구 결과가…" - 지능 지수, IQ 195
노력하면 지능이 높아질까? - 선천적 유전 vs 후천적 환경 203
사람은 적당히 똑똑해야 한다 - 영재의 이면 208

7 지구 반대편에서 벌어지는 뻔한 일 – 다른 문화, 같은 뇌

위대한 문화의 되물림 - 뭉치면 강해진다! 213
제재냐 존중이냐 - 규칙과 발전이 공존하는 법 217
우뇌를 자극하면 창의력이 발달한다? - 외부 자극과 창의성 221
'모차르트 효과'의 진실 - 음악이 뇌에 미치는 영향 224
다른 문화, 같은 신 - 다른 문화권에서 만난 익숙한 스토리텔링 229
미치거나 빛나거나 - 천재와 정신질환 그 사이 232

8 '내'가 아니라 '뇌'가 먹고 싶어 해서... - 밥상 위 뇌과학

치킨이 당기는 건 본능이다 - 고칼로리를 갈구하는 뇌의 진화사 239
똑똑, 냄새입니다 - 독극물 탐지기, 후각 244
왜 너는 뇌과학을 만나서 왜 나를 살찌게만 해 - 마트의 유혹 246
엄마의 식습관이 아이의 뇌에 미치는 영향 - 단거, 짠거, 좋은거 251
열량과 에너지의 아슬아슬한 줄타기 - 다이어트 258

9 쉽게 얻은 행복의 대가 - 중독

위험한 호기심 - 의존성 263
전 세계인이 사랑하는 약물 - 커피 266
도파민이 과도하면 벌어지는 일 - 코카인과 암페타민 269
유해물질인가, 치료제인가? - 양날의 검, 니코틴 271
혹시 어제 나 무슨 일 없었지? - 알코올 273
쉽게 얻은 행복의 대가 - 대마 277
약인가 마약인가 - 엔도르핀, 모르핀 그리고 헤로인 281

10 이 사과가 정말 사과일까? - 지각

이 사과가 정말 사과일까? - 주관적 감각 정보 287
몰라서 다행인 것들 - 검열된 감각 정보 291
보이는 것과 보는 것 - 뇌가 보여주고 싶은 세상 293

에필로그 - 앞으로 나아가야 할 길 300

돌도끼에서 비행기까지
- 뇌의 진화

chapter
01

인간의 뇌는 아주 오래 전부터
꾸준히 커지면서 지능도 발달한
덕분에 지구상에 존재하는 동물
중 가장 영리한 존재가 되었다.
하지만 인간과 뇌 크기가 비슷한
동물은 얼마든지 있다. 돌고래와
침팬지 소마저도 말이다.
심지어 대왕고래의 뇌는
인간보다 훨씬 크다.
그러나 이 동물들이 인간만큼
영리하거나 창의적이진 않다.
즉, 뇌 크기와 지능이 반드시
비례하는 것은 아니라는 뜻이다.

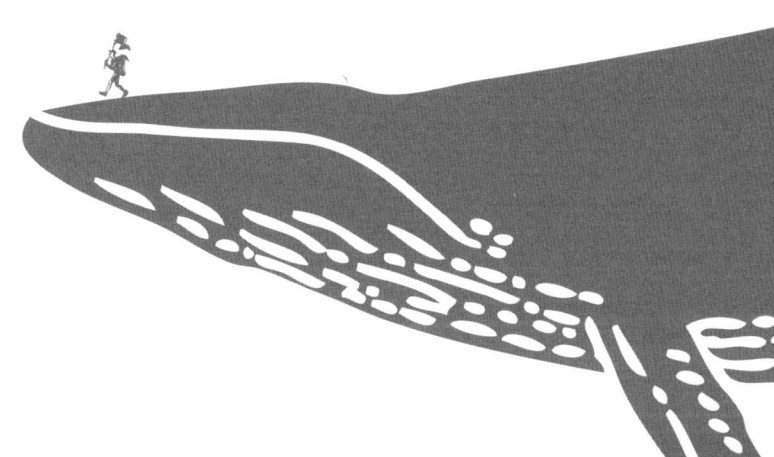

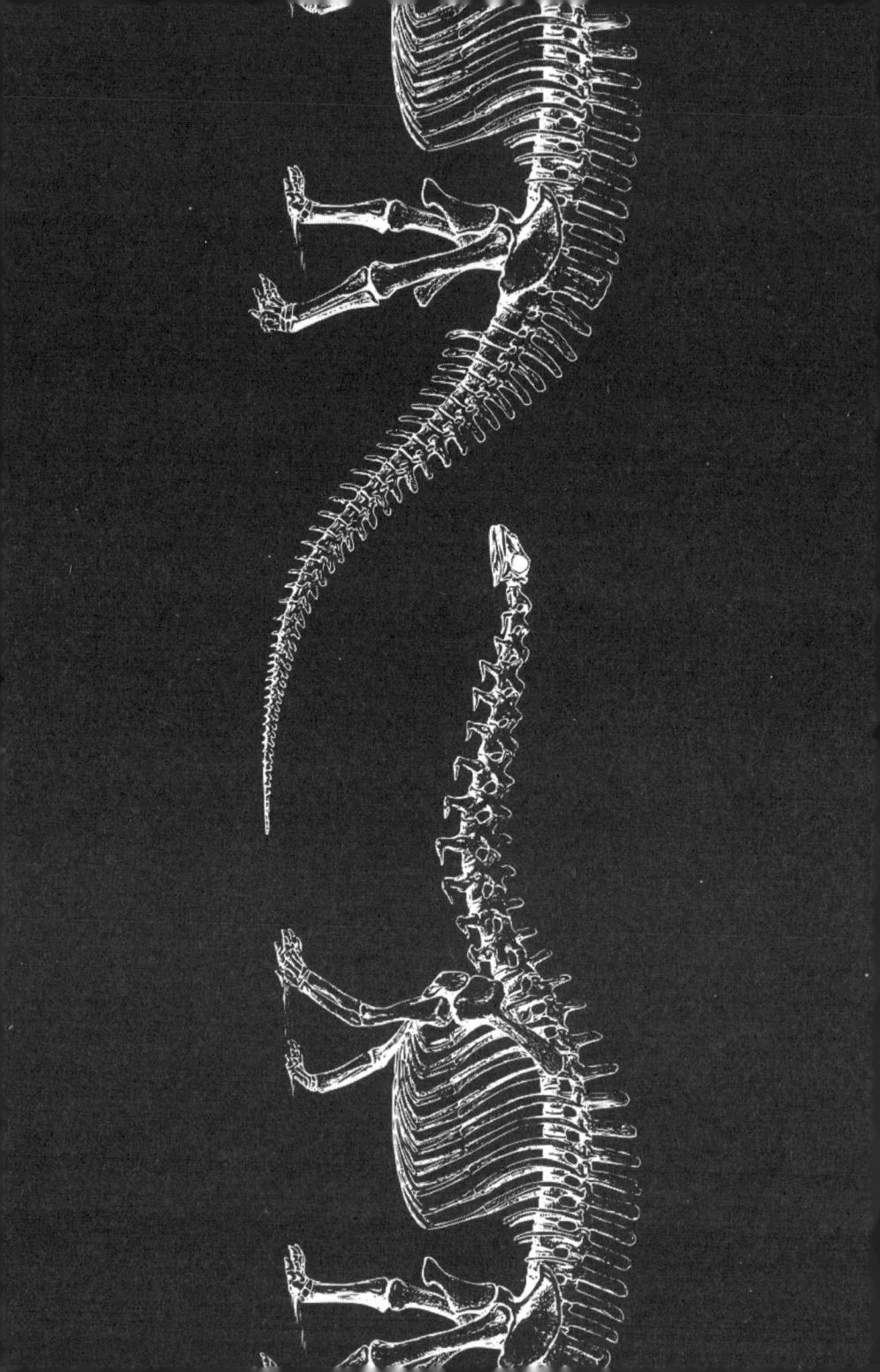

공룡이 멸망한 이유는 뇌 때문이다?
뇌 진화의 마무리, 대뇌 피질

인간의 뇌 가장 바깥쪽에는 마치 호두의 겉면처럼 주름 잡힌 층이 있다. 이를 대뇌겉질 또는 **대뇌 피질**cerebral cortex이라고 한다. 대뇌 피질은 인간의 뇌에 약 860억 개는 존재한다는 신경 세포, 즉 뉴런이 가득찬 곳이면서 인류 진화에 혁명을 가져다주는 역할을 해온 곳이기도 하다. 대뇌 피질이 클수록 고등 동물일 확률이 높기 때문이다.

5억 년 전 생명체의 머릿속에는 일명 '파충류의 뇌'라고 불리는 **능뇌**hind-brain, rhombencephalon만이 존재했다. 그로부터 2억 5천 년이 지난 후 현재 **변연계**limbic system라고 불리우는 일명 '구포유류의 뇌' 또는 '감정의 뇌'가 발달했다. 대뇌 피질은 2억 년 전쯤부터 발달하기 시작했으며 '신포유류의 뇌', 즉 인간의 뇌를 형성하기 시작한 것은 불과 20만 년 전의 일이다.

이렇게 뇌는 3층 구조로 되어 있으며 가장 안쪽에 있는 파충류의 뇌는 후뇌, 파충류의 뇌를 감싸고 있는 구포유류의 뇌는 가운데 있다고 해서 중뇌, 맨 마지막에 형성된

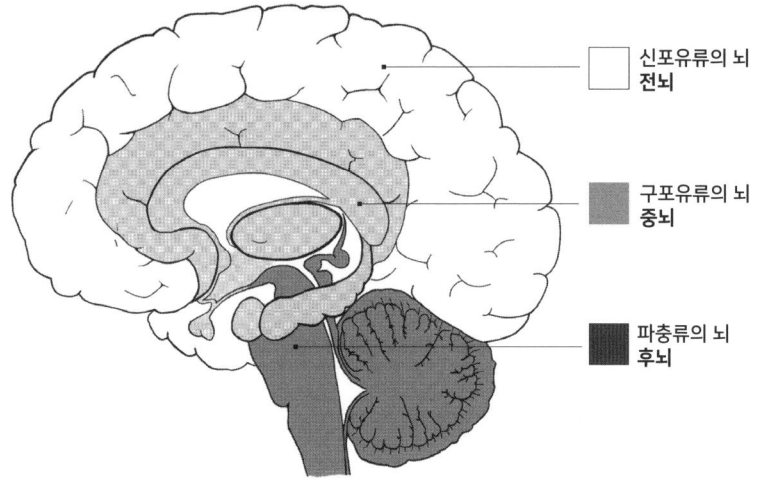

▲ 중앙절개면에서 본 우뇌반구
현재 인간의 뇌 형태가 되기까지 '파충류의 뇌 → 구포유류의 뇌 → 신포유류의 뇌'로 세 번의 발달 단계를 거쳤다.

신포유류의 뇌는 전뇌라고도 한다. 그리고 이 3층 구조의 뇌를 통틀어 **삼위일체뇌**Triune Brain라고 한다.

방금 전에 대뇌 피질이 인류 진화에 혁명을 가져다주는 역할을 했다고 했는데, 대뇌 피질의 중요한 역할이 드러난 건 사실 꽤 오래 전이다. 바로 빙하기다. 인간이 공룡과 달리 빙하기를 버티고 살아남을 수 있었던 것은 극단적인 환경 변화에 적응할 수 있도록 해준 대뇌 피질 덕분이었다.

공룡은 생명을 유지하는 데 필요한 기능만 갖춘 '파충류의 뇌'만 있었을 것으로 추정된다. 예를 들어, 스테고사우르스 성체는 5톤에 달하는 거대한 몸체를 가진 것에 비해 뇌는 레몬 한 개 정도의 크기에, 무게는 80g 정도밖에 되지 않았다. 덩치에 비해 뇌가 아주 작았을 뿐만 아니라 대뇌 피질도 발달하지 않았던 것이다. 결국 이들은 6천5백만 년 전 운석의 충돌로 격변한 기후에서 살아남지 못했고 오늘날 박물관이나 영화 속에서만 볼 수 있게 되었다.

삼위일체뇌 1 　기초 기능에 충실한 파충류의 뇌

대뇌 피질 덕분에 인간이 빙하기도 버텨내고 돌고래, 침팬지 그리고 소보다도 지능이 높은 존재가 된 것은 사실이지만 뇌의 가장 깊숙한 곳에 위치한 '파충류의 뇌'라 불리는 후뇌가 없었다면 대뇌 피질은 아무 의미가 없었을 것이

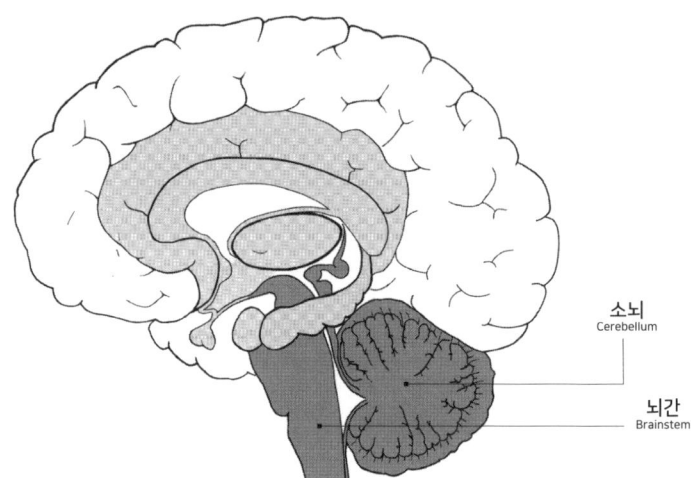

▲ 삼위일체뇌에서 가장 아래에 있는 파충류의 뇌는 **소뇌**와 **뇌간**으로 이루어져 있다.

다. 파충류의 뇌는 **뇌간**^{brainstem} 과 **소뇌**^{cerebellum} 로 이루어져 있다. 뇌간은 호흡, 심장 박동 그리고 수면과 같은 생명 유지에 필요한 기능을 담당한다. 덕분에 우리가 의식을 잃어도 심장이 뛰고 숨을 쉴 수 있는 것이다. 뇌간의 뒤쪽에 위치한 소뇌는 운동기능과 평형감각을 담당한다. 걸을 때 발을 움직이고 팔을 흔드는 등의 움직임이 소뇌를 거치는 것이다. 술을 마시고 취했을 때 중심을 잡지 못하고 제대로 걷지 못하는 이유가 알코올이 소뇌에 영향을 미치기 때문이다.

삼위일체뇌 2 감정과 본능의 원천, 구포유류의 뇌

구포유류의 뇌는 **백질**^{white matter} 과 **회백질**^{grey matter} 로 구성되어 있다. 백질은 전선처럼 얽혀 있는 신경섬유의 집합체로, 뉴런이 주고받은 신호들을 전송하는 고속도로 같은 역할을 한다. 전선의 플라스틱 피복처럼 신경섬유도 **미엘린**^{myelin} 이라는 지방질로 둘러싸여 있어서 신경섬유를 통해 전달되는 전기 신호가 누전되거나 흩어지는 것을 막는다. 백질이라 불리는 이유는 미엘린이 지방 함량이 높아 불투명한 흰색으로 보이기 때문이다.

회백질은 뉴런이 아주 많이 모여 있는 곳이기도 하지만, 뉴런 간에 신호를 주고받는 **시냅스**^{synapses} 가 존재하는 곳이

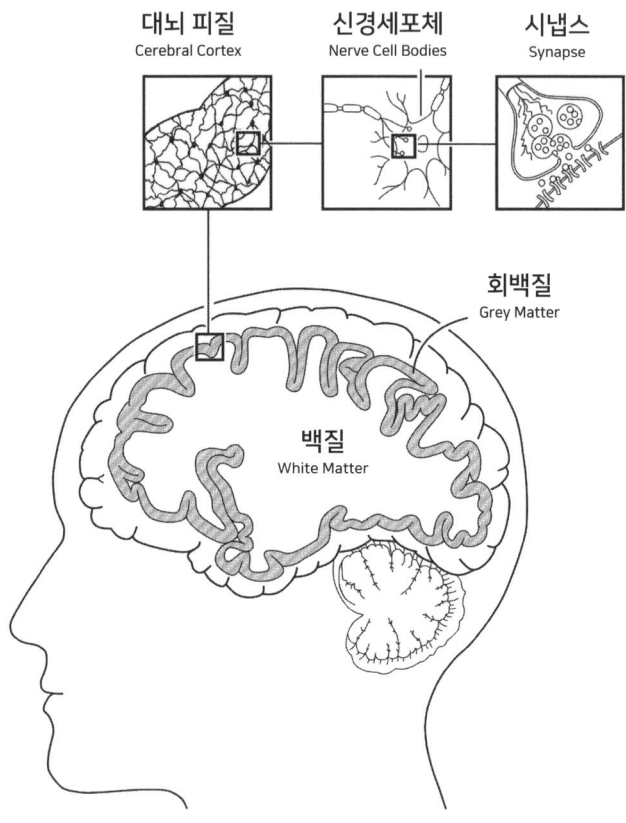

▲ 대뇌 피질은 회백질과 백질로 구성된다. **회백질**에는 뉴런과 시냅스가 존재하며 **백질**은 축삭돌기로 구성되어 있다.

기도 하다. 회백질이라 불리는 이유는 눈으로 봤을 때 백질보다 어두운 색을 띠고 있기 때문이다. 회백질은 주로 대뇌 피질과 소뇌 피질 그리고 간혹 뇌의 중심부에 회백질 덩어리로 존재하기도 하는데 이를 **신경핵**nucleus이라고 한다. 신경핵은 인간의 진화에서 중요한 '본능'을 관장한다. 이 본능은 일명 4F라고 불리는데, 투쟁Fighting, 도주Fleeing, 식욕Feeding, 성욕Fucking이 이에 해당한다.

신경핵 중 관자놀이 안쪽에 위치한 **편도체**amygdala는 아몬드 모양과 비슷하다고 해서 그리스어로 아몬드를 뜻하는 amygdala라는 이름이 붙었으며 앞서 언급한 4F 중에서 투쟁 본능과 도주 본능에 관여한다. 편도체의 뉴런은 주로 감정 반응을 담당한다. 예를 들어, 출근 시간에 당신이 타야 할 버스가 저 멀리 버스 정류장에 막 도착하는 상황을 상상해보자. 헐레벌떡 달려 정류장에 도착하는 순간 버스가 출발해버린다면 화가 나서 짧게 욕을 뱉거나 다음 버스가 올 것을 알면서도 그 버스를 타겠다고 전력질주를 할지도 모른다. 이 모든 게 편도체의 투쟁 본능 때문이다. 또는 어두운 밤 집으로 돌아오는 길에 뒤따라오는 발걸음 소리가 들리면 자기도 모르게 발걸음을 재촉하게 되는 것도 편도체의 도주 본능 때문이다. 심지어 위험할 게 전혀 없는 안전한 환경이라도 편도체에 전기적 자극이 가해지면 인간

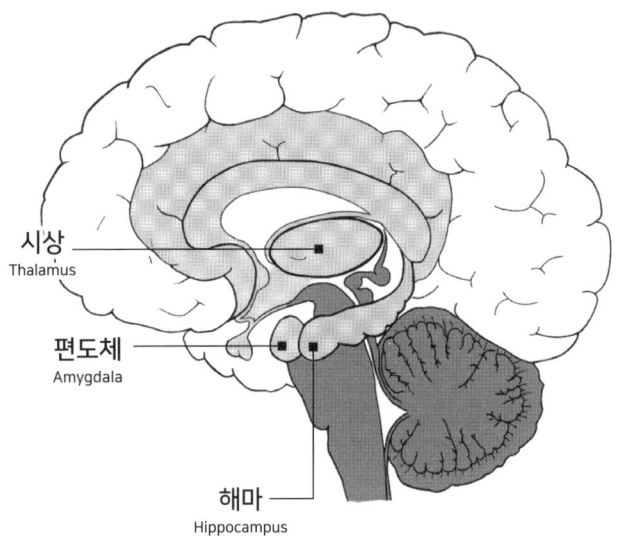

▲ 위에서부터 차례 대로 정보 전달을 담당하는 **시상**,
감정 반응을 담당하는 **편도체**와 기억을 담당하는 **해마**

은 강렬한 공포를 느끼게 된다.

편도체 뒤에는 **해마**hippocampus가 존재한다. 해마는 3~4cm 정도의 길이로, 바닷속 해마와 비슷하게 생겼다고 해서 그리스어로 해마를 뜻하는 hippocampus라는 이름이 붙었다(편도체도 그렇고 해마도 그렇고 고대 해부학자들은 보이는 대로 이름 짓길 선호했던 것 같다. 사실 해마는 소시지처럼 생기기도 했다). 해마는 기억을 담당한다. 알파벳이나 구구단, 수학 공식 또는 역사적 사건이 벌어진 연도 같은 걸 외울 때 해마가 관여하는 것이다. 그러나 해마를 혹사시켜 모든 수학 공식을 외우거나 역사를 줄줄 외운다고 한들 수학자나 역사학자가 될 수는 없을 것이다. 해마는 말 그대로 기억하는 일, 즉 단순 암기에 관여할 뿐 이해하는 데에는 대뇌 피질이 관여하기 때문이다.

뇌를 좌우로 구분했을 때 가운데쯤에는 **시상**thalamus이 위치한다. 시상은 2개의 작은 타원형으로, 각각 좌우 대뇌 반구에 하나씩 자리잡고 있다. 시상은 인체의 감각 기관을 통해 받아들인 모든 최신 정보를 대뇌 피질의 구석구석까지 전달하는 역할을 한다. 신경섬유 다발이 무수한 전기 신호를 주고받을 때 통과하는 곳이 바로 시상이다. 시상을 인간으로 치면, 이웃집의 모든 소소한 일까지 알고 있으며 최신 동향을 줄줄 꿰고 떠벌리길 좋아하는 사람쯤 되겠다.

삼위일체뇌 3　**점점 커지는 뇌, 점점 많아지는 기능, 신포유류의 뇌**

최초의 인류라 불리는 오스트랄로피테쿠스는 '남방의 원숭이'라는 이름에 걸맞게 아프리카 정글 나무 꼭대기에서 생활한 것으로 추정된다. 당시 지구는 빙하기와 간빙기를 반복하는 격변기를 맞던 중이었고, 이런 환경에서 살아남기 위해 인간은 결국 지상으로 내려와 두 발로 땅을 디딜 수밖에 없었다. 지상으로 내려온 인간의 뇌는 파충류의 뇌와 구포유류의 뇌 단계를 빠르게 거치고 신속하게 커지기 시작했다.

뇌가 커진 결정적 원인은 대뇌 피질의 증가였다. 4백만 년 전 아프리카 사바나를 종횡하던 원시인류의 뇌는 400g 정도였다. 이들은 직립보행을 하면서 두 손을 자유롭게 쓸 수 있었지만, 도구는 사용하지 못했다. 도구를 사용한 인류는 그보다 2백만 년 이후에 출현한 호모 하빌리스였다. 이들의 뇌는 600g이나 되었다.

물론 도구를 사용한다고는 해도 복잡한 사고는 불가능했기 때문에 단순히 돌을 던져 사냥을 하는 수준이었다. 이 정도 도구 사용이 인간만 가능한 건 아니다. 돌고래도 먹이를 찾기 위해 해저 바닥을 헤집을 때 주둥이를 다치지 않도록 해면을 쓰고, 사막에 서식하는 참새도 구멍 속 애벌레를 잡을 때 선인장 가시를 사용하고, 침팬지는 나뭇가지로 개미들을 유인해낸다. 돌고래, 참새, 침팬지와 별 다를 바 없는 수준의 도구를 쓰던 인간이 악상 기호로 교향곡을 작곡하기까지 대체 무슨 변화가 있었던 걸까?

  백만 년 전 호모 하빌리스의 뒤를 이어 직립원인 호모 에렉투스 homo erectus 가 출현했다. 이즈음 뇌의 무게는 1000g에 달했다. 이들은 불을 두려워하기보다 어둠을 밝히고 추위를 몰아내고 적으로부터 자신을 보호하는 데 사용하며 점차 자신들의 영역을 넓혀 갔다. 이 시기 인간은 본격적으로 사냥을 시작했다. 그리고 마침내 20만 년 전 일명 '생각하는 사람'이라 불리는 호모 사피엔스 homo sapiens 가 등장했다. 고차원적 사고 능력, 이성적 분석 능력, 언어 능력, 패턴 인식 능력 등이 생기면서 점차 고등 포유류로서 모습을 갖추기 시작한 것이다. 그리고 이 모든 발달의 핵심이 대뇌 피질에 있다. 신포유류 뇌의 주인공은 바로 대뇌 피질인 셈이다.

뇌가 크면 똑똑하다?
뇌 크기와 지능의 상관관계

    인간의 뇌는 아주 오래 전부터 꾸준히 커지면서 지능도 발달한 덕분에 지구상에 존재하는 동물 중 가장 영리한 존재가 되었다. 하지만 인간의 뇌와 크기가 비슷한 뇌를 가진 동물은 얼마든지 있다. 돌고래와 침팬지 소마저도 말이다. 그러나 이 동물들이 인간만큼 영리하거나 창의적이진 않다. 즉, 뇌 크기와 지능이 반드시 비례하는 것은 아니라는 뜻이다.

    코끼리와 고래 같은 일부 동물은 인간보다 훨씬 큰 뇌를 갖고 있다. 예를 들어 현존하는 동물 중 가장 크다는 대왕고래의 뇌는 자그마치 8kg이나 된다. 사실 몸집에 비하면 그렇게 큰 뇌라고 보긴 어렵다. 몸집이 180t에 달하기 때문이다. 그렇다면 조금 더 인간과 유사한 고릴라는 어떨까? 고릴라는 보통 체격의 인간에 비해 몸집은 2~3배 크지만 뇌는 2~3배 작다. 사실 인간보다 더 큰 뇌를 가지고 있는 육상 동물은 코끼리, 수상 동물은 고래뿐이다. 일반적으로 동물의 세계에서 뇌의 크기는 몸집의 크기에 비례한다는 점을 떠올리면, 인간은 몸집 대비 가장 큰 뇌를 가진 동물인 셈이다.

그렇다면 8kg이나 되는 거대한 뇌를 가진 대왕고래는 그만큼 엄청난 지능을 자랑할까? 그렇지 않다. 지능 지수는 중량으로 측정되는 것이 아니기 때문이다. 단적인 예로 아인슈타인의 뇌를 들 수 있다. 상대성 이론의 창시자이자 노벨 물리학상 수상자인 앨버트 아인슈타인의 뇌는 인간의 평균 뇌보다 20%나 작았다(여담이지만, 사실 아인슈타인은 자신이 사망하면 사체를 화장해서 아무도 모르는 곳에 뿌려주길 원했으나, 의사가 아인슈타인의 뇌를 빼돌려 자신의 집으로 가져가버렸다. 이 비윤리적인 의사 덕분에 우리는 지능이 뇌 크기와 비례하지 않는다는 사실을 알게 된 것이다).

뇌의 크기와 지능이 비례하지 않는 이유는 대뇌 피질에 있는 뉴런의 양과 크기 때문이다. 영장류(인간과 유인원)의 뇌는 크기가 크든 작든 뉴런의 크기는 같다. 1kg짜리 뇌에는 100g짜리 뇌보다 10배 많은 뉴런이 있는 것이다. 하지만 설치류는 뇌가 클수록 뉴런의 크기도 크기 때문에 뉴런의 양이 10배가 되려면 뇌의 크기는 무려 40배가 더 커야 한다. 즉, 영장류와 설치류의 뇌 크기가 같아도 영장류의 뇌에 더 많은 뉴런이 존재하는 것이다.

만약 쥐가 인간 만큼 많은 뉴런을 가지려면 뇌 무게만

영장류 뇌의 뉴런

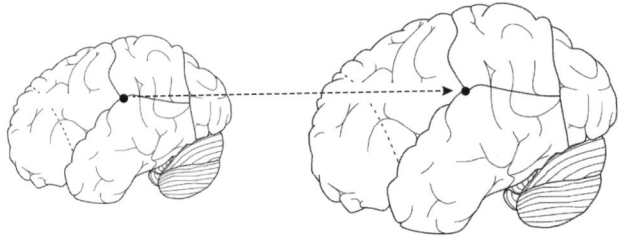

설치류 뇌의 뉴런

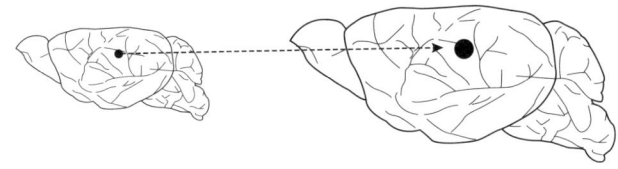

▲ 영장류 뇌의 뉴런(위)과 설치류 뇌의 뉴런(아래) 크기 비교
영장류 뇌는 크기가 커져도 뉴런의 크기는 같은 반면 설치류는
뉴런의 크기도 같이 커진다(뉴런 크기 비교를 위한 가상의 이미지).

35kg이 될 것이다. 대왕고래보다 약 4배 이상 큰 뇌를 가지고 있어야 한다는 뜻이다. 이처럼 인간은 몸집 대비 가장 큰 뇌를 가지고 있을 뿐만 아니라 크기당 뉴런의 양도 다른 어느 동물보다 월등히 많다. 그러나 영장류든 설치류든 뇌가 작동하는 방법은 같다. 즉, 뉴런이 소통하는 방법이 같다. 그래서 인간의 뇌를 분석하는 실험에 쥐를 종종 사용하곤 한다.

그렇다고 뇌의 크기와 지능이 완전히 관계가 없다는 것은 아니다. 만약 지금 내가 당신의 머리를 만져본 뒤 '당신의 두개골 크기와 모양이 이렇기 때문에 지능은 어느 정도일 것이고 성격은 어떨 것입니다.'라고 한다면 어떨까? 그저 코웃음만 친다면 다행이고 최악으로는 사이비라는 비난을 들을지도 모른다. 그러나 19세기에는 이런 주장들이 꽤 먹혔다. 이것이 바로 19세기의 유사과학, 골상학^{phrenology}이다. 골상학은 두개골의 모양을 보고 그 사람의 지능이나 성격 등을 추정하는 학문이다. 전혀 말이 안 될 것 같지만, 실제로 최근 연구에 따르면 실제로 두뇌의 크기와 지능에 연관이 있음이 밝혀졌다. 아인슈타인을 제외하고는 일반적으로 지능이 극도로 높은 사람들은 평균적인 지능을 가진 사람들에 비해서 두뇌의 크기가 컸던 것이다. 다시 말해, 지능이 높은 사람들로 구성된 그룹의 뇌 크기 총합은 평균 지능을 가진 사람들로 구성된 그룹의 뇌 크기 총합에 비해 훨씬 크다는 뜻이다. 특히 전두엽(논리와 추상적 사고 담당), 측두엽(기억 담당) 및 소뇌(사고과정과 운동협응 담당)의 크기만을 측정했을 때 그 차이는 더욱 두드러졌다. 흥미로운 점은 아직 어떤 연구도 백질과 지능의 연관관계를 정립하지 못했다는 것이다. 반면, IQ가 높을수록 뉴런이 모여 있는 회백질도 크다는 것이 밝혀졌다. 이러한 결과는 성인뿐만 아니라 아동도 마찬가지다. 특히 전두엽 앞부분의 대뇌 피질 크기만 비교하면 관계가 더욱 명확해진다.

물론 반드시 뇌의 크기가 곧 지능 차이를 뜻하는 것은 아니다. IQ가 높을수록 회백질이 크다는 것은 반론의 여지가 없으나, 이것만으로는 개인 간의 지능 차이를 고작해야 20% 정도밖에 설명할 수 없다. 그뿐만 아니라 아무리 뇌가 크고 지능이 높다 한들 아무것도 하지 않는데도 일이 술술 풀리는 마법 같은 일은 일어나지 않는다. 어떤 분야에서 최고의 자리에 오르기 위해서는 엄청난 노력을 해야 한다. 소파에 누워 빈둥거리면서 올림픽에서 금메달을 따내는 육상 선수가 될 수는 없다. 타고난 지능이 아무리 뛰어나도 훈련과 연습을 반복하지 않으면 모두가 소용없기 때문이다.

누구나 다른 잠재력을 가지고 태어났다. 그러므로 우리가 할 일은 자신의 뇌가 가지고 있는 잠재력을 최대한 끌어내는 것이다. 이제 전 세계 학자들은 지능을 연구하는 데 뇌 크기보다는 뇌가 어떻게 작용하는가에 더 초점을 맞춰 연구를 진행하고 있다. 실제로 지난 20여 년간 여러 연구를 통해서 지능이 높은 사람들은 문제를 해결할 때 일반인들에 비해 대뇌 피질을 더 적게 사용한다는 사실을 밝혀냈다. 즉, 뉴런 활동이 집중적으로 일어나기 때문에 대뇌 피질을 넓게 사용하지 않아도 문제를 해결할 수 있다는 뜻이다.

인간을 인간답게 만드는
대뇌 피질

    지금까지 언급했듯이 지능은 단순히 뇌의 크기와 관계가 있는 것이 아니라 몸집 대비 뇌의 크기 그리고 대뇌 피질이 차지하는 비율이 매우 중요하다. 평균적으로 인간의 뇌에는 860억 개의 뉴런이 존재하고 이 중에서 160억 개가 대뇌 피질에 존재한다. 대뇌 피질에 존재하는 뉴런의 양으로 비교했을 때 인간을 따라올 수 있는 동물은 없다. 대뇌 피질은 사고, 언어, 성격, 문제 해결 능력을 관장하는 곳으로, 쉽게 말하면 다른 동물과 달리 인간을 인간답게 만드는 역할을 한다.

    물론 동물도 의사소통을 할 수 있다. 그러나 동물의 의사소통은 기쁨, 배고픔, 위험 경고와 같은 단순한 감정과 짝짓기를 향한 열망을 표현하는 수준에 지나지 않는다. 읽고 쓰고 말하기가 가능한 인간은 보다 더 복잡하고 다양한 감정을 표현할 수 있어 의사소통을 하는 데 제약이 없다. 덕분에 인간은 훌륭한 연극 대본을 쓰고 오페라 아리아를 작곡한다. 그뿐만 아니라 상대방의 농담도 이해할 수 있는 수준 높은 의사소통이 가능하다. 심지어 소파에 드러누워 TV를 보는 순간에도 인간의 대뇌 피질은 빛을 발한다. 개그 프로그램을 보며 표면적으로 드러나는 우스운 행동 이면에 담긴 풍자와 해학을 이해하고 여기에 정서적 반응까지 곁들여 한바탕 웃을 수 있게 해준다. 소파에 늘어지게 누워 1/1000초 안에 이 모든 걸 해낼 수 있다는 것에 우월감을 느껴도 될까? 당연하다. 오직 인간만이 언어를 사용하고 유머를 이해할 수 있기 때문이다.

직접적으로 드러나지 않아도 인간이 이해할 수 있는 것은 유머뿐만이 아니다. 피카소가 1937년 발표한 작품 〈게르니카Guernica〉는 오로지 삐쭉삐쭉한 선과 삼각형, 반원과 같은 기하학적 도형만으로 이루어져 있다. 인간의 얼굴은 비대칭 삼각형에 귀는 소용돌이 모양, 눈은 두 개의 곡선으로 표현되었다. 그저 선과 도형을 모아놓은 것에 불과한데도 많은 사람이 이 그림을 보고 참혹함과 두려움을 느낀다. 스페인 내전 당시를 표현한 피카소의 의도가 그대로 전달된 것이다. 이러한 추상적 예술 작품을 해석하고 이해하는 능력은 인간의 뇌가 얼마나 복잡하게 작용하는지 그리고 추론하는 능력이 얼마나 막강한지 잘 보여주는 예 중 하나다.

구조적인 면에서 본다면 인간이 현재 뇌보다 더 큰 뇌를 가지는 것은 불가능하다. 뇌를 감싸고 있는 두개골 안에 더 이상 공간이 없기 때문이다. 좁은 공간에 최대한 뇌를 욱여넣으려 주름까지 잡아가면서 부피를 줄였지만 이젠 태어날 때 산도를 빠져나오는 것도 버거울 만큼 커졌다. 그래서 태아는 산도를 빠져나올 수 있도록 뇌가 완성되지 않은 상태로 태어난다. 다시 말해 인간의 뇌는 출산에 유리하도록 작고 미완성인 상태로 태어난 후 성장하면서 지속적으로 발달한다. 그래서 다른 동물과 달리 인간은 상당히 오랜 시간을 부모에게 의지해서 살아가야만 한다.

  인간이 생후 최소 10년은 부모의 보호를 받아야만 하는 연약한 존재임에도 불구하고 인구는 계속 증가해서 현재 70억 명에 달하게 되었다. 지난 50년 동안에만 수치가 2배로 증가했다. 인간은 생태계에서 살아남는 데 유리할 만큼 잘 달리는 것도 아니고 생활 터전을 바다로 넓힐 수 있을 만큼 수영을 잘하는 것도 아니다. 대부분의 포식자들처럼 강한 턱과 날카로운 이빨 또는 무시무시한 독을 가지고 있지도 않고 피식자들처럼 보호색이라든가 자신을 보호할 딱딱한 등껍질을 가진 것도 아니다. 이렇게 보잘것없고 연약한 존재가 어떻게 약육강식의 세계에서 무려 70억 가까이 수를 늘리며 만물의 영장 자리를 차지하게 되었을까?

연약한 존재에서 만물의 영장으로
보다 더 영리한 종으로의 진화

모든 것의 시작은 섹스다. 적어도 진화론적인 입장에서 보면 그렇다. 초기 인류는 종족 번식에서 우위를 차지하기 위해 강한 턱이나 두꺼운 등껍질, 뾰족한 이가 아니라 정교한 뇌를 발달시켰다. 문제가 벌어졌을 때 빠르게 해결할 수 없거나 실패 또는 실수로부터 교훈을 얻지 못하는 종은 번식을 할 수 있을 만큼 오래 살아남을 수가 없기 때문이다. 즉, 인간은 보다 빠르고 강한 종이 아니라 보다 더 영리한 종으로의 진화에 초점을 맞춘 것이다. 그렇게 뇌를 발달시켜온 덕분에 인간은 여타 동물과 달리 당장 눈앞의 문제만 해결하려 들지 않고 올겨울, 내년, 10년 뒤 등 더 먼 미래를 위해 식량이나 자원을 비축할 수 있게 되었다. 그뿐만 아니라 적과 동지를 구별함으로써 좋은 직장, 배우자, 친구를 고를 수도 있게 되었다.

해부학적 관점에서 인간은 이미 15만 년 전에 현생인류, 즉 인류 진화의 최종 단계에 이르렀다. 그러나 이 초기 현생인류인 호모 사피엔스가 추상적이거나 상징적인 사고를 할 수 있었다는 구체적인 증거는 없다. 인류가 돌팔매질용 돌멩이보다는 정교하고 실용적인 도구를 사용하고 예술품이나 장신구를 만들기 시작한 것은 불과 4만 년 전이다. 최초의 인류라 불리는 오스트랄로피테쿠스가 약 300만 년 전에 존재했던 것을 감안하면, 4만 년만에 돌도끼에서 자율주행자동차로 넘어갔다는 것은 상당히 놀라운 일이다. 도대체 무엇이 이렇게 갑작스럽게 인간의 창의력을 폭발시켰을까? 이에 대한 유일한 답은 그 시기에 인간의 뇌에 상당한 변화가 있었을 것이라는 예측뿐이다. 유전적 돌연변이가 생긴 걸까? 아니면 다윈의 '적자생존' 법칙에 따라 무리에서 가장 창의적이고 지능이 높은 구성원들끼리 번식을 하면서 우성 유전자를 퍼뜨린 걸까? 안타깝게도 정확한 답을 줄 수 있는 사람은 아무도 없다.

4천 년 전 건설된 이집트의 피라미드는, 사냥용으로만 쓰던 돌덩이를 무려 건축에 이용할 정도로 엄청난 변화가 있었음을 뜻한다. 가장 큰 피라미드에는 2백3십만 개의 돌이 사용되었고 돌 한 개의 무게는 무려 2.5t이었다. 심지어 돌의 형태는 모서리 길이 오차가 0.1% 이내인 정육면체였다. 이 엄청난 크기의 돌을 옮겨서 피라미드를 만드는 것은 지금 기술로도 결코 쉬운 일이 아니다. 그러나 피라미드를 완성한 것은 인간의 노동력이 아니었다. 바로 기술과 두뇌였다. 그로부터 2천 년이 지난 뒤 그리스의 수학자이자 천문학자인 에라토스테네스^{Eratosthenes}는 같은 시간에 위도 차이가 나는 두 도시에 생긴 그림자의 크기만으로 지구의 둘레를 계산하는 데 성공했다. 심지어 그가 계산한 지구의 둘레는 오늘날 우리가 알고 있는 지구 둘레와 오차범위가 2%밖에 되지 않는다. 그리고 또다시 2천 년이 흐른 지금 인간은 화성으로 로봇을 보내는 경지에 이르렀다. 앞으로 인간이 더 어떤 일을 할 수 있을지 누가 알까?

나는 어떻게 나인가
- 성격의 탄생

내일 당장 직장에서 쫓겨날 걱정이 없다면 굳이 아침에 눈 비벼 가며 몸을 일으키고 귀찮게 씻고 옷을 골라 정시 출근하려 서두를 필요가 있을까? 전두엽은 계획을 실행하게도 하지만 그 계획을 위해 자신을 자제하게도 한다. 따라서 전두엽이 제대로 기능하지 않는다면 자제심을 잃고 뒷날 후회할 일들을 저지르게 될 것이다. 하지만 후회할 일을 저질러도 정작 후회라는 감정은 들지 않을 것이다. 전두엽이 손상되면 자신이 저지른 일이 후회할 상황이라는 것도 인지하지 못하기 때문이다.

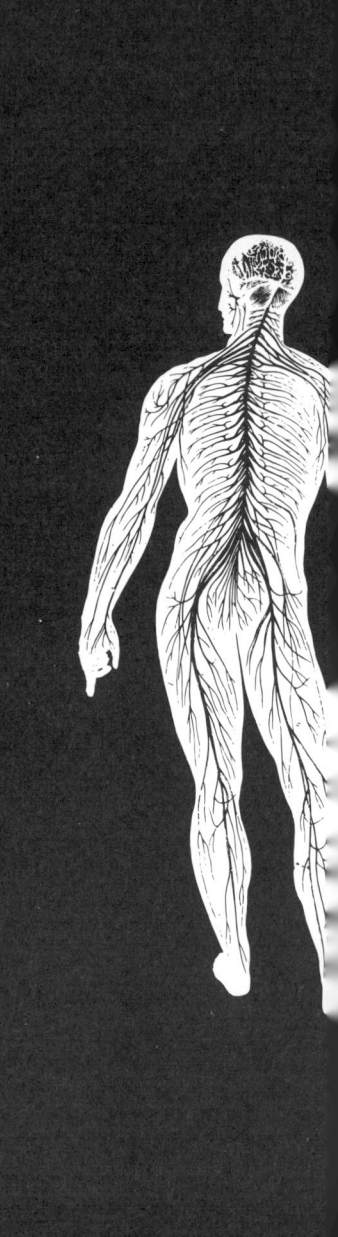

인간의 영혼은 어디쯤에 있을까?
어쩌면 전두엽

Cogito ergo sum.

나는 생각한다. 고로 존재한다.

프랑스의 철학자 데카르트 René Descartes는 이렇게 말했다. 하지만 '나'는 누구인가? 무엇이 '나'를 나답게 만드는 것일까? 인격은 자신이 인지하는 '나'와 타인이 인지하는 '나'의 조합이다. 또한 스스로 생각하고 느끼는 것뿐만 아니라 하는 행동, 말투, 표정 모두 '나'라는 존재의 인격을 구성하는 요소가 된다. 그렇다면 '나'를 만드는 이 생각과 행동은 어디서 어떻게 만들어지는 걸까? 타고나는 걸까, 배우는 걸까?

철학자뿐만 아니라 뇌과학자들도 이 질문들에 대한 답을 찾기 위해 오랫동안 노력해왔다. 이 질문에는 늘 2가지 문제가 대두된다. 바로 유전과 환경, 즉 타고나는 것이냐 배우는 것이냐는 물음이다. 물론 둘 다 중요한 역할을 한다. 가장 쉽게 볼 수 있는 예로 같은 집, 같은 부모 아래 자

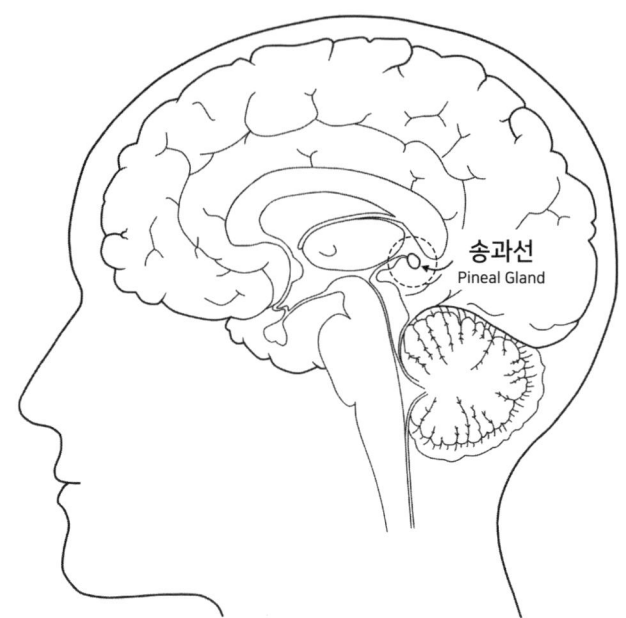

▲ 중앙 절개면에서 바라본 우뇌반구
송과선은 정중앙에서 약간 뒤쪽에 위치한다.

란 형제를 보면 알 수 있다. 타고난 유전적 형질은 일부 같지만, 성격, 가치관, 사고방식은 제각기 다를 수 있다. 부모가 아이를 양육하는 방식과 아이들이 자라면서 보고 배우는 여러 사람의 행동 방식에 따라 뇌에 변화가 일어나기 때문이다.

아이들은 보고 듣고 배운다. 폭력적인 환경에서 자란 아이는 폭력적인 성인이 될 확률이 높고 독실한 종교인 가족에 둘러싸여 자랐다면 아이 또한 독실한 종교인이 될 확률이 높다. 감정에 공감해주는 가정 환경에서 자랐다면 그 아이는 이해심 있고 배려할 줄 아는 어른으로 자랄 확률이 높다. 그러나 이 모든 전제는 아이가 유아기일 때의 환경이라는 것이다. 유아기를 지나면 일반적으로 성격은 변하지 않는다. 다시 말해 인간의 성격은 성인이 되기 전에 결정된다.

데카르트는 단순히 '인간이 생각하기 때문에 인간'이라는 사실만 지적한 것이 아니다. 인간의 육체와 영혼을 분리해서 인식한 것이다. 그는 육체가 수집한 모든 감각 정보는 영혼으로 전달된다고 주장했는데 그곳이 바로 뇌에서 솔방울처럼 생긴 내분비기관인 **송과선** pineal gland이었다.

그렇다면 영혼이란 무엇일까? 눈에 보이지는 않지만, 나를 나답게 여길 수 있는 것을 영혼이라고 부를 수 있지 않을까? 그렇다면 개인을 특징지을 수 있는 느끼고, 말하고, 생각하고, 행동하는 모든 것을 영혼이라고 볼 수 있지 않을까? 사실 우리는 이를 가리켜 성격personality이라고 한다. 만약 영혼을 성격이라고 볼 수 있다면, 영혼이 뇌에 존재한다는 데카르트의 주장은 사실로 증명된 적이 있다. 다만, 그의 말대로 송과선에 존재하는 것은 아니었다.

데카르트가 이런 주장을 한 지 200여 년이 지난 1848년, 철도 공사에서 일하던 피니어스 게이지Phineas Gage라는 한 남자가 공사 중 발생한 폭발 사고로 쇠 막대기가 왼쪽 뺨에서 오른쪽 머리 위쪽을 뚫고 나가는 사고를 당했다. 피니어스 게이지는 이 끔찍한 사고로 대뇌 전두엽이 손상되었지만 신속한 처치로 6개월 뒤 왼쪽 눈이 실명되고 눈꺼풀이 내려앉는 것을 제외하고는 육체적으로 완벽하게 회복되었다. 그러나 사고 이후 그의 성격은 완전히 변했다. 사고를 당하기 전과 달리 자신의 감정을 제어하지 못해 불쑥 화를 내기 일쑤였으며 약속을 지킨다든가 지시를 따른다는 등 규범을 전혀 지키지 않았다. 결국 직장 생활은 물론이고 사회생활도 제대로 할 수 없게 되어 사고를 당한 지 12년 만에 알코올 중독자로 전락해 가족도 친구도 없이 외롭게 생을 마감했다. 이 사건은 이후 뇌과학자들이 뇌의 특정 부위와 성격의 연관성을 설명할 때 자주 사용하는 대표적 사례가 되었다.

피니어스 게이지의 사례로 보아 데카르트가 그토록 찾아 헤매던 영혼이 담긴 곳에 가장 가까운 곳이 있다면 그건 바로 전두엽이 아닐까? 사실 영혼이 어디쯤에 있는지 고민한 것은 데카르트뿐만이 아니었다. 역사적으로 많은 철학자, 신학자 그리고 과학자들이 영혼이 우리 몸 어디에 담겨 있는지 안다고 주장해왔다. 일례로 2세기경, 그리스 의학자 갈레노스는 영혼은 뇌를 감싸고 있는 액체, 즉 뇌척수액에 담겨 있다고 주장하기도 했다. 과학이 눈부시게 발전한 지금도 영혼이 뇌척수액에 있는지 송과선에 있는지는 아무도 확답할 수 없지만, 적어도 송과선이 생체리듬을 관장하는 호르몬을 생산하는 중요한 역할을 한다는 사실을 알게 되었다.

두뇌 사령탑
전두엽의 중요성

건강한 전두엽은 미래를 위해 계획을 세우고 이를 실행하는 일에 관여한다. 앞서 피니어스 게이지의 사고 후 후유증에서 보았듯이 이러한 능력의 손실은 치명적인 결과를 초래한다. 내일 당장 직장에서 쫓겨날 걱정이 없다면 굳이 아침에 눈 비벼 가며 몸을 일으키고 귀찮게 씻고 옷을 골라 정시 출근하려 서두를 필요가 있을까? 전두엽은 계획을 실행하게도 하지만 그 계획을 위해 자신을 자제하게도 한다. 따라서 전두엽이 제대로 기능하지 않는다면 자제심을 잃고 뒷날 후회할 일들을 저지르게 될 것이다. 하지만 후회할 일을 저질러도 정작 후회라는 감정은 들지 않을 것이다. 전두엽이 손상되면 자의식도 심각한 영향을 받기 때문에 자신이 저지른 일이 후회할 상황이라는 것도 인지하지 못할 테니 말이다.

전두엽 손상 환자의 대표 사례가 된 피니어스 게이지는 그 비극적 사건 이후 더 이상 타인에 대한 이해와 배려는 물론이고 관심조차 없어졌기 때문에 감정이 없고 무관심하며 냉담한 사람이 되어갔다. 때문에 주변 사람들의 감정을 상하게 하는 일이 다반사였고 말년엔 알코올 중독자로 살다 주변에 아무도 없는 채 쓸쓸하게 생을 마감했다.

데카르트가 '영혼'이라 부르던 것이 존재한다면 바로 전두엽이 아닐까 하고 여겨질 정도로 전두엽은 개인을 특징짓는 많은 것과 연결되어 있다. 그래서 전두엽이 어떤 기능을 가지고 있는지 확인하고 싶었던 뇌과학자들은 인지적 적응 능력을 실험해보았다. 실험 방법은 피실험자가 실험자의 반응만 보고 트럼프 카드를 분류하는 규칙을 파악하는 식이다. 피실험자가 한창 카드를 분류하던 중에 실험자가 별다른 설명 없이 규칙을 바꾸더라도 얼마나 빨리 바뀐 규칙을 파악해서 실험자가 원하는 대로 카드를 분류하느냐가 인지적 적응 능력의 척도가 된다.

예를 들면, 처음엔 카드를 빨간색과 검정색으로 분류해야 한다는 걸 파악한 피실험자는 카드를 색깔별로 분류한다. 그러다 검정색 클로버 카드 위에 검정색 스페이드 카드를 올려놓는 순간 갑자기 실험자가 부정적 반응을 보이면 피실험자는 순간 당황하겠지만 이내 규칙이 바뀌었음을 인지하고 새로운 규칙을 파악하기 시작한다. 그러나 전두엽에 손상을 입은 환자는 규칙의 변화를 받아들이지 못하고 계속해서 하던 대로 모양 상관 없이 색깔로만 카드를 분류한다.

 전두엽은 성격의 특성을 구성하는 데도 큰 역할을 하지만, 우리 몸의 움직임에도 큰 영향을 미친다. 가령 전두엽의 뒤쪽은 인간의 모든 움직임에 관여하기 때문에 이 부분에 손상을 입으면 손가락 하나 까딱할 수 없게 된다. 이처럼 전두엽의 모든 부분이 작은 손상에도 큰 손실을 입을 정도로 큰 역할을 하고 있다. 그러나 그중에서도 가장 중요한 부분을 꼽으라면 인간의 윤리와 유머 감각을 담당하는 **전전두엽 피질**prefrontal cortex이다. 전전두엽 피질은 두뇌의 사령탑이라고 할 수 있다. 외부와 내부에 있는 모든 정보를 수집하여 하나의 그림으로 완성해나가는 지휘 본부인 셈이다.

 전전두엽 피질은 진화론적인 면에서 가장 마지막에 진화한 부분이면서, 인간이 성장할 때 가장 마지막에 발달하는 부위이기도 하다. 전전두엽 피질은 실행 가능한 모든 행동의 결과를 예측하고 분석해서 '상식적인 사람'처럼 보이도록 규범과 지침에 맞춰 우리의 행동을 조정하는 역할을 한다. 또한 감각 기관을 통해 입력된 감각 정보와 과거에 저장한 정보를 비교하여 평가하는 작업기억working memory도 전전두엽 피질에 위치하고 있다. 뿐만 아니라 뇌 깊숙이 자리한 파충류의 뇌에서 보내오는 신호까지 모두 수집한다. 기억, 지능, 감정과 같이 복잡한 기능의 감독관 역할도 수행한다. 이 똑똑한 사령탑 덕분에 인간은 만물의 영장, 즉 호모 사피엔스만이 가질 수 있는 성격, 양심과 같은 것들을 가지게 된 것이다.

2배의 효율? 2배의 비효율!
멀티태스크

우리는 효율성에 병적으로 집착하는 사회에 살고 있다. 한 가지 일을 완전히 끝내고 다음 일을 시작하는 것은 용납되지 않는다. 한 손으로는 전화를 받으며 눈으로는 이메일을 확인하고 손으로는 보고서를 작성하는 것이 흔한 직장인의 모습이다. 멀티태스킹은 현대인을 대변하는 말이 되었으며 아마 앞으로도 그리 달라지지 않을 것 같다.

그러나 실제로 인간은 두 가지 일을 동시에 수행할 수 없는 존재다. 뇌는 한 번에 한 가지 일에만 집중할 수 있기 때문이다. 보고서를 읽으면서 전화로 배달 음식을 주문할 때 본인은 두 가지 일을 동시에 하고 있다고 생각하겠지만, 실제로 뇌는 두 가지 일을 동시에 하고 있는 것이 아니라 보고서를 읽는 작업과 배달 음식을 주문하는 작업 사이를 아주 빠른 속도로 번갈아가며 하고 있는 것이다. 우리는 그저 뇌가 얼마나 빠른 속도로 작업을 전환하는지 모르고 있는 것이다. 엄밀히 말하면 실제로 동시에 두 가지 일을 하는 것이 아니기 때문에 오히려 시간이 더 걸릴 뿐이다.

그뿐만이 아니다. 두 가지 일을 동시에 하면 뇌는 일시적인 마비 증상을 겪을 위험에 노출된다. 전전두엽 피질은 자동으로 두 가지 작업 사이를 계속 전환할 수가 없어서 작업과 작업 사이에는 반드시 휴지기를 가져야 하기 때문이다. 계속해서 두 가지 이상의 일을 오가면 전전두엽 피질의 작업기억이 저하되어 제대로 된 결정이나 판단을 내리지 못해 오히려 실수가 잦아질 수 있다.

특히 전환해야 하는 두 가지 일이 유사할 때는 동일한 **신경망**neural network, 각각의 신경 섬유 또는 신경 섬유 다발이 그물 형태로 연결된 것을 사용하기 때문에 한 가지 일을 수행하는 데 얼마만큼 투자할 것이냐를 두고 치열하게 경쟁하게 되어 더더욱 불필요한 소모가 많아진다. 예를 들어 라디오로 뉴스를 들으며 책을 읽는 것은 얼핏 쉽게 할 수 있을 것 같지만, 뉴스를 듣는 것과 책을 읽는 것은 뇌의 같은 영역을 사용하기 때문에 생각보다 훨씬 어려운 일이다.

동시에 하는 일이 완전히 성격이 다르다 할지라도 우리가 한 가지 일에 소모할 수 있는 집중력의 총량에는 반드시 영향을 미치게 마련이다. 가장 흔한 예로, 운전 중 휴대 전화를 사용하는 것은 혈중 알코올 농도 수치가 0.08%에 달하는 음주자가 운전하는 것 만큼이나 주의력이 떨어진다 (0.08%면 면허 취소 수준이다). 핸즈프리 장비를 사용해도 마찬가지다. 그러므로 일의 효율성을 높이려면 한 번에 한 가지씩 하는 것이 유리하다. 동시에 여러 가지 일을 하는 대신에 우선순위를 정해서 한 번에 하나씩 순서대로 해결하는 것이 훨씬 효과적이다.

세 살 버릇 여든까지 가져가지 않는 법
뇌의 가소성

인간이 사고를 하고 감정을 느끼며 자유의지를 갖고 움직이는 것은 세포막 바깥과 안쪽의 전압 차이인 막전위 membrane potential와 뉴런과 뉴런 사이를 잇는 시냅스 그리고 화학 물질 메신저인 신경전달물질 neurotransmitters 간의 물리화학적 상호작용 덕분이다. 그러므로 인간은 단순히 생물학적 유기체에 지나지 않는다고도 할 수 있겠지만 꼭 그런 것만은 아니다.

가령 뜨거운 주전자를 맨손으로 잡았을 때 뇌의 생물학적 신호는 욕설을 내뱉으라 하지만 이런 당신을 바라보고 있는 아이 앞에서 험한 말을 내뱉지 않도록 전두엽이 나선다. 아니면 화가 잔뜩 난 채로 이메일을 마구 써서 상사에게 보내려다가 '보내기' 버튼을 누르기 직전에 마음을 가라앉히고 다시 써야겠다고 결정한 덕분에 지옥 같은 상황을 피할 수도 있다. 그럴 때는 이마에 손을 얹고 그 안에 있는 전전두엽 피질에 감사하면 된다. 이들 덕분에 나쁜 습관을 고칠 수 있고 분노를 조절하는 등 생물학적 유기체에 불과한 존재 그 이상이 될 수 있는 것이다.

입었던 옷을 아무데나 훌훌 벗어 놓는 남편을 바라보며 한숨짓고 있다면, 또 습관적으로 쌓인 일을 미뤄두고 있는 자신을 발견했다면 뇌는 변할 수 있다는 것, 즉 가소성^{plasticity}이 좋다는 사실을 기억하라. 습관은 언제든 바꿀 수 있다. 다만, 당장 오늘부터 완전히 새롭게 변하길 원한다면 차라리 새 남편을 찾고 새로 태어나는 편이 더 쉬울 것이다. 타고난 뇌와 자라온 환경은 성격 형성의 근간을 이루기 때문에 뇌가 물리적인 손상을 입지 않는 한 쉽게 변하지 않는다. 성격 특성 중 일부는 변할 수도 있겠지만 그 이상의 변화는 기대하지 않는 게 좋을 것이다.

chapter 02

뇌의 협동이 만든 결과물
성격

대뇌 피질은 두개골에서 어디에 위치하느냐에 따라 몇 개의 엽 lobe으로 나뉜다. 크게 두정엽, 측두엽, 후두엽 그리고 전두엽으로 나뉠 수 있는데, 우선 앞서 언급한 **전두엽** frontal lobe은 움직임을 비롯해 우리가 어떤 결정을 하거나 판단을 내리는 데 큰 역할을 한다. **두정엽** parietal lobe은 촉각을 담당하고 있다. 볼을 쓰다듬거나 눈물이 뺨을 타고 흘러내리는 것과 같은 감각을 인식하게끔 한다. 관자놀이 안쪽, 즉 뇌 측면에 있는 **측두엽** temporal lobe은 기억력, 후각 그리고 청각을 담당한다. 뇌의 가장 뒤쪽에 있는 **후두엽** occipital lobe은 시각을 담당한다.

"당신은 누구입니까?"라는 질문을 받으면 대다수 사람들은 자신의 이름, 나이, 직업, 거주지 등을 말할 것이다. 두정엽은 이런 사실적 정보 factual information들을 관장한다. 그뿐만 아니라 지금 이 책을 잡고 있는 손이 당신의 것임을 인지하게 하는 것도 두정엽의 일이다. 만약 뇌졸중으로 두정엽이 손상되었다면 당신의 손을 내려다보면서 '이게 누

왼쪽에서 본 대뇌 피질의 구조

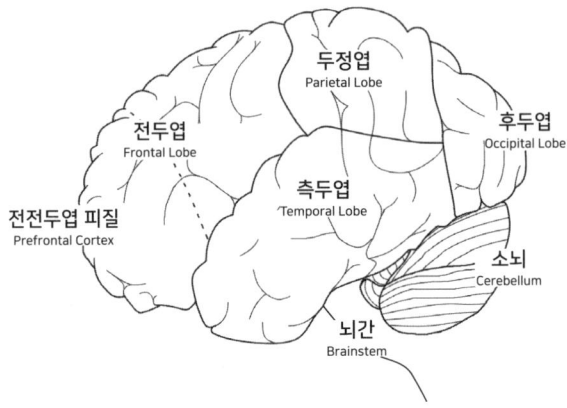

위에서 본 대뇌 피질의 구조

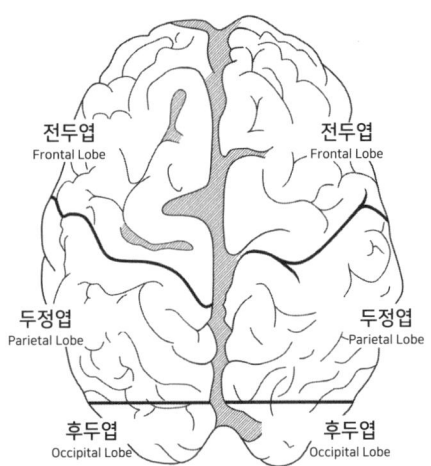

▲ 대부분의 엽은 좌우 반구에 하나씩 쌍으로 존재하는 것을 볼 수 있다.

구 손이지?'라고 생각할 수도 있다. 다시 말해 두정엽은 내 팔다리가 어디에 있는지 위치 정보를 담당하는 동시에 자신을 인지하는 역할을 한다. '자신을 인지'한다는 것은 신체뿐만 아니라 내면적 자아를 인지하고 성찰하는 것도 포함하며 이는 두정엽이 열심히 자신의 역할을 해내고 있는 덕분에 가능한 것이다.

측두엽은 감정과 기억력을 담당한다. 측두엽 안쪽에는 **뇌섬엽**insula이라 불리는 영역이 있는데, 두정엽이 팔다리 같은 신체 부위의 위치를 파악해 자신을 인지한다면 뇌섬엽은 자신의 모습을 기억함으로써 자신을 인지한다. 수십 명이 찍힌 단체 사진에서 손쉽게 내 얼굴을 찾아낼 수 있는 것은 뇌섬엽 덕분이다.

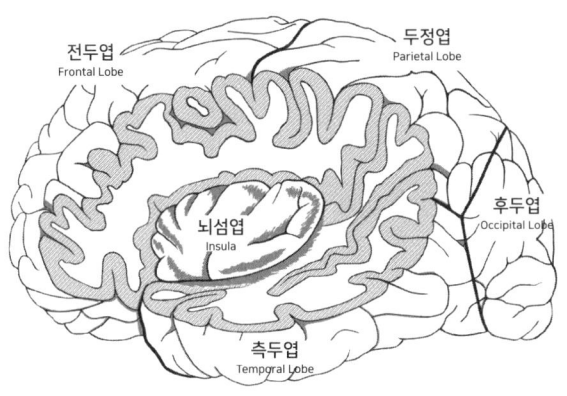

▲ 측면에서 본 좌뇌반구
(측두엽 안쪽에 위치한 뇌섬엽이 잘 보이도록 피질의 일부를 제거한 모습)

지금까지 과학자들은 소뇌cerebellum는 파충류의 뇌에 속하므로 가장 기본적인 신체 움직임에만 영향을 미친다고 생각해왔다. 그러나 최근 연구 결과, 소뇌도 성격 특성을 조절하는 데 중요한 역할을 한다는 사실이 밝혀졌다. 만약 소뇌에 손상이 오면 머릿속에 떠오르는 대로 말하고 행동하게 된다는 뜻이다. 마치 전두엽이 손상되었을 때처럼 뒤를 생각하지 않고 머릿속에 떠오르는 대로 폭주하는 자신을 막을 방법이 없다. 감정도 롤러코스터처럼 오르락내리락하면서 조증과 울증 사이를 예고 없이 오가게 될 것이다.

하지만 콕 집어서 이 감각은 반드시 어느 부분에서만 담당한다고 말하는 건 사실 정확하지 않다. 뉴런이 제대로 자기 역할을 수행하기 위해서는 단독이 아니라 일종의 네트워크를 형성해야 하기 때문이다. 대표적 예로, 언어 생성에 관여하는 영역은 전두엽에, 언어를 듣고 이해하는 데 관여하는 영역은 측두엽과 두정엽 사이에 있다. 언어를 생성하는 전두엽이 손상되면 들리는 모든 말을 이해할 수는 있지만, 적절히 대답할 수 있는 언어를 찾지 못해 말을 하지 못하게 되고, 언어를 듣고 이해하는 측두엽과 두정엽이 손상되면 말을 할 수는 있지만, 뇌가 아무 말이나 마구 지어내기 때문에 듣는 상대방은 물론 말을 하는 본인조차 그

내용을 전혀 이해할 수 없을 것이다.

  이처럼 뇌의 여러 영역이 협업하는 덕분에 인간은 사건을 분석하고, 행동의 결과를 이해할 수 있으며 미래를 계획하는 능력을 가지게 되었다. 그래서 인간은 수학자가 될 수도 있고 시인이나 작곡가가 될 수도 있는 것이다.

'뇌'가 분리되면 '내'가 둘이 될까?
우뇌와 좌뇌의 공생

전두엽, 측두엽, 두정엽 등 뇌에서도 여러 엽으로 구역을 나눌 수 있지만, 뇌를 딱 반으로 나누자면 좌반구와 우반구, 즉 좌뇌와 우뇌로 나눌 수 있다. 이 좌뇌와 우뇌 사이에 수많은 정보가 오가는데 이를 연결하는 것이 바로 **뇌량**corpus callosum이다. 뇌량은 좌반구와 우반구 사이 정중선에 위치하는 수억 개의 차선을 가진 백질의 고속도로라고 할 수 있다.

중증 뇌전증을 치료하다 보면 더 이상 증세가 악화되는 것을 방지하기 위해 어쩔 수 없이 뇌량을 차단하는 경우가 있다. 이 수술을 받은 환자 중 일부는 우뇌, 좌뇌가 따로 생각한다고 호소하기도 한다. 예를 들어 한쪽 뇌에서는 바지를 벗고 싶다고 생각하는 반면, 다른 뇌에서는 바지를 그대로 입고 있고 싶다고 생각한다는 것이다. 그러면 결국 한쪽 팔은 바지를 벗으려 하고 다른 쪽 팔은 바지를 끌어올린다. 이 현상은 우뇌와 좌뇌가 합의를 보지 못해 남이 보기에 괴상한 행동을 하는 걸로 그치지 않는다.

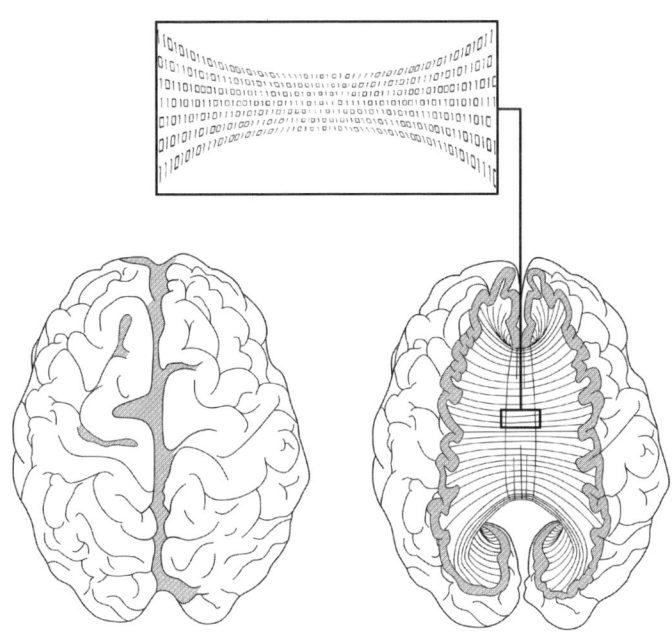

▲ 좌뇌반구와 우뇌반구를 연결해주는 의사소통의 경로, 뇌량

각 뇌반구가 독자적인 생각, 감정, 경험, 기억까지 가지게 되는 것이다. 한 사람 안에 두 개의 인격이 존재하는 셈이다.

그렇다고 해리성정체장애dissociative disorders처럼 완벽하게 분리된 인격을 가지는 것은 아니다. 수년간의 연구 결과 이들은 두 개의 서로 다른 인격을 가지게 되지만 이들 인격 간에는 어느 정도 공통점이 존재한다는 게 밝혀졌다. 아마도 성인이 되어서 양쪽 뇌반구를 분리했기 때문에 수술 이전의 기억은 공유하는 것으로 추정된다.

'해리'는 뇌를 분리했을 때 인격이 나뉘는 것과는 완전히 다른 경우다. 사실 대부분 사람이 한 번쯤 해리를 경험한 적이 있다. 한 가지 일에 집중하느라 다른 사람의 말을 듣지 못하든가 하는 가벼운 정도의 해리는 아마 당신도 겪은 적이 있을 것이다. 그보다 심각한 경우는 성격이나 행동 방식, 말투 등 자신과 다른 인격을 2개 이상 발달시키는 것이다. 각 인격은 모두 한 사람 몸에 존재하지만 동시에 나타날 수는 없으며 각자 독립된 기억을 가지고 있다. 또 저명한 연구 결과 속 실제 환자들의 사례나 여러 소설, 영화에서 볼 수 있듯이 2개 이상의 인격은 성향이 완전히 상반되는 경향이 있다.

그런 면에서 로버트 스티븐슨의 소설 《지킬 박사와 하이드》에 등장하는 지킬 박사와 하이드 씨의 완전히 다른 성향은 '분리된 인격'을 꽤 사실적으로 묘사했다고 볼 수도 있다. 지킬 박사는 유쾌하고 다정다감한 인물인 반면에 하이드 씨는 무감각하고 비정하며 자기중심적이고 다른 사람에게 고통을 주는 것을 즐긴다. 물론 하이드는 지킬 박사가 자신의 내면에 존재하는 악을 분리해내는 실험으로 만들어낸 또 다른 인격으로, 각각의 인격이 한 일을 기억하는 등 실제 해리성 인격장애 환자들과는 다르지만 말이다.

왜 그들은 스스로 독극물을 마셨을까?
집단사고의 위험성

인간은 집단생활을 하는 동물이다. 원활한 집단생활을 위해 인간의 뇌는 공조와 명령에 순응하도록 되어 있다. 덕분에 인간 사회는 비교적 평화롭게 유지될 수 있었다. 그러나 상식이 무너지고 리더는 포악해져서 집단생활이 개인에게 나쁜 영향을 미치는 상황에 처한다면 인간은 어떻게 반응할까? 수천 년 동안 서로 잘 어울려 지낼 수 있도록 해주던 이런 특성이 되려 인간을 공격하고 상처 입히는 데 사용된다면 어떻게 될까?

1930년대 미국 인디애나 주의 어느 가난한 가정에서 자란 한 소년이 있었다. 이 소년의 아버지는 알코올 중독자였고 어머니가 생계를 책임지기 위해 노동을 해야만 했다. 여러모로 결핍된 환경 탓에 소년은 종교와 죽음에 집착하게 되었고 급기야 장례식을 치러보고 싶다는 이유만으로 길고양이를 무참히 살해하는 극단적인 모습까지 보였다. 이웃 아이들이 꺼림칙하다며 소년을 멀리하자 점차 자신이 외면당하고 소외되는 걸 느낀 소년은, 백인임에도 불구하고 당시 사회적으로 배척당하던 흑인들에게 동질감을 느껴 그들과 어울리기도 했다. 그렇게 자라 이십 대가 된 소년은 자신만의 종교 집단을 만들고 이를 인민사원Peoples Temple이라고 명명했다. 인민사원은 당시 다른 교회들과 달리 인종에 상관없이 신도를 받아들였고 이 가난하고 소외받던 소년은 수천 명의 신도를 이끄는 카리스마 넘치는 종교 지도자가 되었다. 소년의 이름은 짐 존스Jim Jones였다.

시간이 흐름에 따라 인민사원은 공동체 생활을 하고 강제 노동을 하며 외부와의 접촉을 끊으면서 광신적 종교 집단으로 변해갔다. 존스 목사는 스스로를 신의 현신이라 부르며 신도들 위에 군림하기 시작했다. 신도들의 결혼과 같은 지극히 사적인 문제도 본인이 결정해주고 자신에 대한 어떠한 비평도 용납하지 않았다.

이들을 향한 미국 사회의 비난이 빗발치자 존스 목사는 신도들을 이끌고 남미 가이아나로 거점을 옮겨 일명 존스타운Jonestown을 건설했다. 가이아나로 옮겨간 지 1년 남짓된 1978년 11월 18일, 그는 신도들에게 집단 자살을 명령했고 존스 자신을 포함해 약 910명에 달하는 신도가 스스로 독극물을 마시고 목숨을 끊었다. 부모들은 자식들에게 강제로 독이 든 주스를 마시게 해 살해하고 본인들도 자살했다. 인류 역사상 최대 규모의 집단 자살 사건이었다.

왜 신도들은 광기에 이성을 잃은 존스 목사에게 반기를 들지 않았을까? 분명 모든 신도가 자신만의 가치관과 사고방식을 가지고 있었을 텐데 이게 가능한 일일까?

세뇌brainwashing라는 말을 처음 사용한 것은 이 사건보다 20여 년 전에 있었던 한국전쟁 직후, 미국중앙정보국인 CIA였다. 이들은 왜 중국이나 북한의 포로로 잡힌 미군들이 갑자기 공산주의를 지지하고 귀향을 거부하는지를 논리적으로 설명하고자 했지만 당시 세뇌에 대한 뇌 연구는 너무나도 빈약했다. 그러나 집단을 이루었을 때 인간이 어떻게 사고하는지에 대해서는 상당한 연구가 이루어진 덕분에 정상적인 사고를 가진 인간이 본래라면 하지 않았을 일들을 하려면 어떤 영향을 받아야 하는지 드러나기 시작했다.

집단을 이루었을 때 인간의 사고가 어떻게 변화하는가를 보여주기 위해 미국의 한 역사 교사가 직접 나섰다. 그는 위험한 집단사고의 대표적인 예로, 인류 역사상 최악의 독재자라 불리는 히틀러의 사상을 직접 재현함으로써 그 위험성을 학생들에게 보여주기로 했다. 그는 나치 운동을 모델로 삼고 학생들을 대상으로 규율과 공동체를 근간으로 한 '제3의 물결The Third Wave'이라는 집단을 만들었다. 그리고 단 5일 만에 그는 이 실험을 중단해야 한다는 사실을 깨달았다. 걷잡을 수 없을 정도로 규모가 커진 것이다. 결국 제3의 물결이 출범한지 5일 만에 교사는 수백 명으로 늘어난 아이들을 한데 모았다. 원래는 최고 지도자가 성명을 발표할 예정이었지만 대신 아이들에게 히틀러의 사진을 보여주었다. 그제야 역사상 최악의 집단을 표방한 운동에 동참했다는 사실을 깨달은 학생 중 일부는 눈물을 보이기도 했다. 이 역사 교사의 실험을 토대로, 영화 〈제3의 물결The Third Wave〉이 제작되기도 했다.

또 다른 예로, 미국의 한 사회심리학자가 정상적이고 올바른 사고방식을 가진 사람 중 65퍼센트가 명령을 받으면 사람을 해칠 의지를 잠재적으로 갖고 있다는 사실을 밝혔다. 실험자는 피실험자들에게는 명령을 내리는 사람이 책임자고 피실험자들이 어떤 결정을 하든 실제로 사람이 다치는 일은 없을 거라는 약속을 했다. 그리고 보이지 않는 상대방에게 전기 충격이 가는 버튼을 누르도록 명령을 내렸다. 여기서 전기 충격을 받을 사람과 직접 대면하지 않고 책임을 떠맡을 다른 사람이 있다면 피실험자 중 90퍼센트가 명령에 따랐다. 이것이 바로 그 유명한 스탠리 밀그램Stanley Milgram의 **복종 실험**이다.

스탠리의 두 번째 복종 실험은 피실험자들이 전기 충격을 받을 사람과 같은 공간에 앉아 있는 상황에서 진행되었다(실제로 전기 충격은 없었고 이들은 고용된 배우였다). 그 결과 명령을 따른 사람의 수가 첫 번째 실험보다는 적었다. 이 실험에서 성별에 따른 차이는 없었으며 이들 모두 이러한 상황이 싫다는 의사를 분명히 표현하고 땀을 흘리고 말을 더듬으면서도 명령에 따르는 모습을 보였다.

1986년 챌린저호와 2003년의 콜롬비아호 폭발 사고 역시 마찬가지다. 그 프로젝트에 참여한 수많은 사람 중 단 한 사람이라도 집단에 맞서 잘못된 걸 바로잡으려 시도라도 했다면 나사(NASA) 역사상 최악의 참사로 꼽히는 이 두 사건은 일어나지 않았을지도 모른다. 두 사건 모두 사고가 일어나기 전 우주왕복선에 결함이 있을 가능성이 제기되었지만 대다수가 더 이상 일정이 지연되는 걸 피하려 했으므로 이상 신호를 짐작한 사람들도 침묵을 지킬 수밖에 없었다. 그 결과 두 우주왕복선에 탑승한 승무원 전원이 사망하는 끔찍한 사고가 벌어지고 말았다.

이처럼 집단을 위해 자신의 경험과 판단을 억누르는 것이 항상 옳은 것은 아니다. 본능적으로 집단에 속하길 원하는 인간의 뇌, 전두엽은 뭔가 이상하더라도 집단의 의견에 따르라는 강렬한 요구를 할 것이다. 그러나 뭔가 이상 증후를 느꼈다면 때로는 이 본능에 저항하는 것이 옳을 때도 있다. 사회심리학자 어빙 재니스$^{Irving\ Janis}$는 특히 자신에게 많은 영향을 미치는 사람들과 밀접하게 연관된 집단을 경계해야 한다고 주장했다. 이런 환경에서는 집단 내 다른 구성원과 갈등을 빚을 만한 의견을 제시하거나 정보를 제공하는 일은 무의식적으로 피하기 때문이다. 만약 집단의 흐름과는 다르거나 리더가 제안하는 의견과 반대되는 의견을 제시했을 때 괜한 소란을 일으키지 말라며 침묵을 강요당한 경험이 있다면 그 이후엔 의문이 생길 때마다 머릿속에서 경고등이 켜지며 스스로 자신의 생각과 행동을 검열하기 시작할 것이다.

집단이 잘못된 길을 가고 있음을 알면서도 소외당할 것을 두려워해 싸우지 않는다면 이 집단은 그 누구도 반대 목소리를 낼 수 없는 허울뿐인 집단으로 전락하게 될 것이다. 머릿속 깊이 이 사실을 새겨 둔다면 조용히 분위기에 편승할 때인지 아니면 적극적으로 의견을 말해야 할 때인지 판단하는 데 도움이 될 것이다.

잠깐, 방금 '머릿속'에 새기라고 했나? 물론 '전두엽'에 새기라는 말이다.

성격도 병들 수 있을까?
성격장애와 정신질환의 차이

한 번쯤 '저 또라이는 왜 저런 행동을 할까?' 싶을 정도로 이상 성격을 보이는 사람을 본 적이 있을 것이다. 조심스레 병원을 권유하고 싶을 수도 있다. 그러나 이상 성격을 보인다고 해서 반드시 정신질환psychiatric disorder을 앓고 있는 것은 아니다. 그냥 원래 성격이 그럴 확률이 높다. '정상'이라고 분류되는 성격의 범주는 생각보다 넓다. 극단적이고 지속적이고 일관되게 자기중심적이거나 충동적이고 강박적일 때 그리고 그로 인해 사회생활에 장애를 초래할 때 비로소 성격장애personality disorders라고 진단할 수 있다(성격장애로 판단되는 2가지 핵심 요소는 일관성과 부적응이다).

아마 2011년 노르웨이 총기난사 사건의 재판 과정을 지켜본 노르웨이 국민들은 최소한 성격장애와 정신질환의 개념 차이를 확실히 이해하게 되었을 것이다. 노르웨이 사상 최악의 폭탄, 총기난사 테러범인 아네르스 베링 브레이비크Anders Behring Breivik의 첫 번째 정신감정 보고서에 따르면 그는 정신질환을 앓고 있으므로 그에게 법적인 책임을 물을 수 없다고 했다. 그러나 두 번째 정신감정 보고서에서 그를 성격장애로 판단하고 그를 재판정에 세웠다. 브레이비크의 2차 정신감정 보고서에 의하면 그는 자기애성 성격장애와 반사회성 인격장애 antisocial personality disorder를 모두 가지고 있으며 타인에 대한 공감 능력이 현저하게 결여되어 있다고 한다.

엄밀히 말하면 성격장애는 질병이 아니다. 다만 확연히 드러나는 이상 성격적 특성으로 인해 본인 자신과 주변 사람들에게 심각한 문제를 야기한다. 성격은 환경에 영향을 받고 성인이 되어서야 완전히 드러나므로 아동기에 성격장애를 진단받는 경우는 아주 드물다. 일부 심리학자들과 정신과 의사들은 뇌가 계속 변한다는 성질 가소성을 활용해서 이상 성격적 특성을 교정해보려는 시도를 해왔다. 이 시도가 성과를 내려면 환자 자신이 변화를 원해야 한다. 그러나 불행히도 성격장애 중 가장 흔한 자기애성 인격장애 narcissistic personality disorder를 가지고 있다면 치료를 받는 것은 고사하고 자신에게 문제가 있다는 것을 인정하는 것조차도 불가능하다.

정신력이 곧 체력이다
성격장애와 정신질환

신경학자와 정신과 의사들은 정신질환을 해결하기 위해 함께 노력하고 신경학자와 신경외과 의사는 뇌질환을 치료하기 위해 함께 노력한다. 이 말은 전문가들이 인간의 정신은 곧 신체와 연결된다는 사실을 안다는 뜻이다. 그런데도 왜 전문가들은 영역을 구분하고 협력하지 않는 것일까?

인간의 성격은 초자연적인 것이 아니다. 오히려 뇌에서 뉴런 사이의 고유한 연결 관계를 이끌어내는 개인의 유전적 특징과 경험의 조합일 뿐이다. 인간의 감정과 성격 특성에 영향을 미치는 질병을 일반적으로 정신질환이라고 부른다. 데카르트의 심신 이원론을 아직도 차용하고 있는 것이다. 하지만 최근 정신질환이 곧 신체적 질환이라는 사실이 속속 밝혀지고 있다. 그 예로 전두엽 치매 frontal lobe dementia 환자의 약 절반 이상이 음주 운전, 도벽 등 사회 규범을 무시하는 반사회적 행동 양식을 보이는데, 이는 우리가 정신질환이라고 부르던 증상들과 흡사하다. 전두엽 치매는 병이 진행됨에 따라 전두엽과 측두엽의 뉴런이 육안으로도 확인할 수 있을 만큼 확연히 줄어든다. 이렇게 눈에 띄는 뇌 조직 위축은 지금 이들이 겪고 있는 생물학적 변화를 이해하는 데 도움이 된다. 후두엽 종양이 시각 장애를 일으키는 것처럼 전두엽 종양은 성격 장애를 일으키는 것이다.

아직도 뇌과학 분야에서 우울증, 불안장애, 조현병과 같은 비교적 보편적인 정신질환 연구조차 성격장애 연구에 비하면 미미한 편이다. 그 이유 중 하나는 이러한 질환들에 대한 진단을 오직 증상에만 의존하기 때문이다. 환자가 오랫동안 실의에 빠져서 우울하다고 호소하면 의사는 우울증이라고 진단하고 항우울제를 처방할 것이다. 그러나 '우울하다'라는 두루뭉술한 용어는 환자의 모든 상태를 설명해주지 않는다. 뇌과학적으로 우울증을 유발할 수 있는 질환은 수십, 수백 가지는 되기 때문이다. 조현병도 크게 다르지 않다. 학자들은 지금도 환각 증세를 일으키는 사람과 그렇지 않은 사람 간의 차이를 찾아 연구를 진행 중이다.

그러나 문제는 환각을 일으키는 원인이 그렇게 간단하지 않다는 것이다. 일부는 유전적 기질을 타고난 경우도 있고 약물 남용으로 인한 뇌 화학 작용의 장애를 일으킨 경우도 있다. 환각을 일으키는 원인 하나만 보더라도 이렇게 다양한데 조현병의 원인이 정확히 무엇이라고 결론짓기는 쉽지 않다. 조현병과 같은 심각한 정신질환 치료법을 개발하기 위해 거쳤던 수많은 시행착오 중 가장 최악으로 꼽히는 치료법은 1940년대에서 1950년대 사이에 성행했던 일명 전두엽 절제술^{lobotomy, 뇌엽절리술}이라는 수술법이다. 전두엽 절제술은 정신질환 치료를 목적으로 전전두엽 피질 내의 뉴런 간 연결을 단절시키기 위해 뇌의 일부를 절제하는 수술법이다. 이 수술을 받은 환자들은 눈에 띄게 공격성이 줄어들고 차분해졌지만 감정이 무뎌지거나 자기 조절, 자발성, 자기 이해가 현저히 떨어지는 모습을 보였다. 이러한 부작용이 있음에도 불구하고 이 수술법을 고안한 포르투갈의 신경학자는 1949년 노벨 의학상을 수상했다. 불과 70년 전만 해도 우리가 인간의 정신에 대해 얼마나 무지했는지 알 수 있는 대목이다.

20세기 후반에 들어설 때까지도 전전두엽 피질은 뇌의 다른 영역에 비해 중요성이 떨어지는 취급을 받았기에 깊이 연구할 만한 대상이 아니었다. 만약 1848년 뇌과학의 역사를 뒤흔든 피니어스 게이지 사건이 일어나지 않았다면 인간 정신의 근원이 전두엽이란 걸 알 수 없었을 것이다. 전두엽에 대해서 보다 빨리 알았더라면 정신질환 의학사가 달라지지 않았을까?

과거와 미래를 생각하는 유일한 포유류
자기감의 발달

포유류의 뇌는 인간보다 작지만 전두엽을 갖추고 있다. 즉, 어느 정도 성격적 특성을 가지고 있다는 뜻이다. 가령 개는 전체 뇌 크기의 5~6% 정도를 차지하는 전두엽을 갖고 있고 적어도 한 가지에 집중하는 정도의 기능을 수행할 수 있다. 물론 인간이 가진 전두엽이 훨씬 크기도 크고 성격 특성도 정교하고 복잡하다. 전두엽 크기만 전체 뇌 크기의 30% 정도를 차지하며 성격을 구성하는 여러 속성 중에서 유머, 자아상, 도덕성 그리고 판단력과 같은 비교적 고차원적인 특성을 관장한다.

다른 포유류에 비해 인간이 가진 또 다른 우수한 점은 과거와 현재, 미래를 연결할 수 있다는 것이다. 덕분에 과거의 나와 현재의 나 그리고 미래의 나를 연결해 '나'로서 인식할 수 있는 **자기감**sense of self을 발달시킬 수 있는 것이다. 그 핵심에 **망상활성계**reticular activating system가 있다. 망상활성계는 주의력을 제어하는 뉴런 그룹으로, 각성 상태를 유지하며 전두엽을 활성화시킨다. 의식의 내용은 전두엽이 관장하지만 의식 상태가 되기 위해서는 망상활성계의 활성화가 반드시 필요하다.

그에 비해 다른 동물들은 기억과 의식이 그다지 밀접하게 연결되어 있지 않다. 시간을 인식할 때도 과거와 미래를 생각하는 것이 아니라 현재가 거의 전부다. 물론 일부 동물에서도 자기감을 발견할 수 있다. 예를 들어 침팬지는 거울 속에 비친 자신의 모습을 보고 자신이라는 걸 알 수 있을 정도로 자기감을 가지고 있다. 그러나 인간의 복잡한 자기감에 비하면 훨씬 낮은 수준이다. 오랜 역사를 간직하고 현재에 적용하며 미래를 고민하는 존재는 인간이 거의 유일한 셈이다.

자기감은 인류가 오래전부터 형성하기 시작한 집단 생활로부터 발달했다. 인류는 집단 생활을 시작하면서 수렵하고 채집한 것을 나눠 먹기 시작했다. 그러기 위해서는 상당한 수준의 자기제어와 협동심이 필요하다. 이를 위해서는 나와 상대를 구분하여 자아를 인지하는 감각, 즉 자기감이 발달해야 한다. 상대를 위해 자신의 욕구를 억제하고 하기 싫어도 힘을 합쳐야만 집단이 유지되고, 내일을 살 수 있기 때문이다.

성격 유형 테스트 다양성

최근 많은 기업이 프로젝트 팀을 꾸릴 때 팀의 효율성을 높이기 위해 여러 성격 테스트를 활용하는데, 그중 가장 많이 사용하는 테스트가 일명 5요소 모델이라고도 불리는 **빅파이브**Big 5 모델이다. 빅파이브 모델은 학계는 물론이고 산업현장에서까지 광범위하게 사용하는 성격 유형 테스트로, 다음과 같은 5가지 요소의 조합에 따라 개인의 특성을 파악하는 방식이다.

외향성 extraversion   사교성이 좋고 자극과 활력을 추구하는 성향
우호성 agreeableness   방어적이지 않고 협조적인 태도를 보이는 성향
성실성 conscientiousness 목표를 달성하기 위해 성실하게 노력하려는 성향
신경성 neuroticism   분노, 우울함, 불안감과 같은 부정적 정서에 취약한 성향
개방성 openness   새로운 경험에 개방적이고 낯선 것도 인내하고 탐색하는 성향

빅파이브 모델 외에도 인터넷에서 스스로 진단해볼 수 있는 간단한 성격 유형 테스트가 여러 개 있지만, 결과를

해석할 때 주의가 필요하다. 인간은 모든 상황에서 일관된 행동을 하지 않기 때문이다. 대표적인 예로 환경의 차이가 있을 수 있다. 같은 사람도 전제로 하는 환경이 직장이냐 가정이냐에 따라 결과가 완전히 다를 수 있다. 또는 상황에 따라 달라질 수 있다. 만약 누군가 당신에게 빈정대는 말을 했다면 못 알아들은 척 무시해야 할까, 너그럽게 웃어넘겨야 할까, 아니면 날카롭게 되받아쳐야 할까? 매번 예상치 못한 상황에 처할 때마다 뇌는 수십, 수백 가지 대응방안을 쏟아내겠지만 그중에서도 최선의 대응책을 선택하도록 전두엽이 돕는다. 따라서 상황에 따라 어떤 대응책을 선택할지도 매번 달라질 수 있으므로 사람의 성격을 일관적으로 보기 어렵다.

　이처럼 인간의 뇌는 복잡하게 작용하기 때문에 쉽고 간단하게 유형을 나눌 수 있는 것이 아니다. 더군다나 인간의 성격 특성은 필요에 따라 강화하거나 억제할 수 있다. 뇌가 어떻게 작용하여 성격을 형성하는지를 보다 더 잘 이해한다면 자신의 부정적인 충동을 억제하고 주변 사람들과 원활한 관계를 맺는 데도 도움이 될 것이다. 지금도 학자들이 이 수수께끼 같은 영역의 신비를 풀고자 노력을 아끼지 않고 있는 이유 중 하나가 바로 이것이다.

chapter
02

나는 어떻게 나인가 — **성격의 탄생**

당신의 경험이 저장되는 과정
- 기억력과 학습

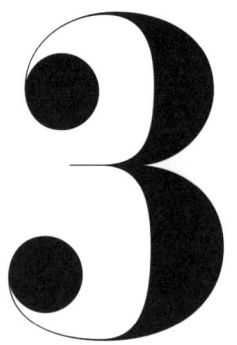

가끔 전두엽이 본분을 망각한 채
지금 읽고 있는 중요한 글은
흘려 보고 두 달 뒤에 있을 휴가
계획, 어젯밤 꾼 꿈, CF 노래
가사 등 잡다한 정보를 해마에게
마구 보낼 때가 있다. 그러면
스스로 정보를 선별해서 기억할
능력이 없는 해마는 무방비하게
전두엽이 보내는 불필요한
정보를 저장하게 된다. 이럴
때면 당신이 직접 나서서 지금
읽고 있는 문장을 반복해서 읽고
또 읽는 등 전두엽이 지금
기억해야 할 정보를 해마에게
보내도록 강제적인 조치를
취해야 한다.

"도리? 그게 뭐지? 아! 내 이름이지?"
단기기억

    기억력은 인류 문명의 근간이다. 거창하게 들리겠지만, 인간에게 기억력이 없었다면 눈부신 문명의 발달은 없었을 것이며, 후대에 전할 수도 없었을 뿐만 아니라 가족과 친구도 알아보지 못하고 집도 없이 떠돌아다니는 생활을 하고 있을 것이다. 문명의 발달이라는 대서사시까지 이르지 않아도 된다. 사실 지금과 같이 평범한 삶을 사는 데 기억력이 얼마나 중요한 역할을 하고 있는지는 뇌 손상으로 기억 상실 증상을 보이는 환자들을 보면 와닿을 것이다. 여러 사례가 있지만, 그중에서도 뇌과학자들에게 기억의 조직과 형성에 대해 많은 것을 알려준 사례가 있다. 일명 H. M.이라고 알려진 헨리 몰래슨 Henry Molaison 의 사례다.

    1933년 7살이었던 H. M.은 자전거 사고로 머리에 부상을 입은 후 수시로 발작을 일으키는 뇌전증으로 고통을 받았다. 그는 발작을 일으킬 때마다 의식을 잃고 경련을 일으켰으며 깨어난 후에는 극도의 피로와 무기력증에 시달려야 했다. 정상적인 학교생활을 할 수 없는 것은 너무나도 당연했다. 사고 후 12년 동안 필사적으로 치료법을 찾던 H. M.의 가족은 당시 그 분야에서 이름을 떨치던 신경외과의를 만나게 되었고, 이 신경외과의는 H. M.의 발작 원인인 예측불가한 전기적 자극이 주로 측두엽의 특정 부위에서 발생한다는 사실을 알아냈다. H. M.의 가족은 그 부위를 제거하는 수술에 동의했고, 수술 후 뇌전증 증세는 상당히 호전되었다. 그러나 그 후 그는 새로운 사건을 머릿속에 전혀 담지 못하게 되었다. 현재를 제외한 다른 시간, 다른 장소에서 일어난 모든 일을 기억하지 못하게 된 것이다. 오직 지금, 여기, 이 순간만 살게 된 것이다.

아마도 그를 만난다면 그는 당신을 정중하고 친절하게 맞아줄 것이다. 그리고 어쩌면 즐겁게 대화를 나누며 같이 산책도 할 수 있을 것이다. 그러나 헤어지고 1시간 뒤 그를 다시 찾아가면 그는 당신을 처음 만나는 사람처럼 반갑게 맞아줄 것이다. 그 후 H. M.은 50여 년에 걸쳐 수많은 학자와 의사들의 연구를 위한 테스트에 기꺼이 응하며 한결같이 수행해냈다. 그도 그럴 것이 그에게는 그 모든 테스트가 언제나 처음과 같았기 때문이다.

〈니모를 찾아서 Finding Nemo〉라는 애니메이션에는 H. M.과 같은 증상을 겪고 있는 캐릭터가 등장한다. 니모의 아빠가 니모를 찾으러 바다를 헤매다 만난 이 물고기의 이름은 도리다. H. M.과 마찬가지로 도리도 새로운 기억을 저장하는 데 어려움을 겪고 있다. 그러나 영화 속 도리는 적어도 하수 배수구에 쓰여진 "시드니"라는 단어를 보자마자 시드니에서 누군가를 찾아야 한다는 기억을 어렴풋이 떠올릴 수 있었다. 또 니모 아빠와 함께 니모를 찾으면서도 매번 니모의 이름을 틀리긴 했지만, 니모를 가리킬 때 니모와 비슷한 이름을 부르려고 시도하기도 했다. 아마 H. M.이라면 시도조차 할 수 없었을 것이다. 이전에 만난 그 누구도, 그 어떤 것도 기억하지 못하므로 불러야 할 이름의 실마리조차 없기 때문이다.

H. M.의 사례 이전까진 기억이란 단일적인 것으로 여겼었다. 하나의 상자에 몽땅 들어 있다고 생각한 것이다. 그러나 여러 연구 결과, 기억의 일부분을 상실해도 다른 부분은 여전히 남아 있다는 것이 밝혀졌다. 도리와 H. M.이 기억장애에도 불구하고 일정 수준의 이성적이고 일관된 사고를 하는 것처럼 말이다. H. M.의 사례를 기점으로 학계는 기억을 **장기기억** long-term memory 과 **단기기억** short-term memory 으로 분류하여 연구하기 시작했다. 단기기억이 의식하든 의식하지 않든 수 초라는 짧은 시간 동안 짧은 기억을 저장한다면, 장기기억은 몇 분에서 평생 그리고 아주 많이 저장할 수 있다(H. M.이 손상을 입은 부분이 바로 장기기억이 존재하던

곳이었다).

　대다수 사람들이 작업기억 working-memory 과 단기기억을 같은 것이라고 생각한다. 누군가는 단기기억 중 집중력을 요하는 모든 부분을 작업기억이라 하고, 의식하지 않고 수동적으로 잠시 저장되는 부분을 단기기억으로 분류하기도 한다. 그러나 작업기억과 단기기억은 명확하게 구별하기가 쉽지 않아서 대부분 전문가들은 이 둘을 하나로 묶어서 취급하려는 경향이 있다. 그러나 H. M.의 증상이 측두엽의 일부를 제거하는 수술 후에 발생한 것으로 보아, 적어도 이 둘 사이에 해부학적으로는 차이가 있는 것이 분명하다. H. M.은 무작위로 제시된 단어와 숫자들을 최소 몇 분 동안 기억할 수 있었다. 이를 근거로 단기기억이 측두엽에 위치하지 않는다는 결론을 낼 수 있었다. 그리고 후에 실제로 단기기억은 전두엽에 위치한다는 사실이 밝혀졌다.

　단기기억은 추론하고, 계획을 세우고, 어떤 문제에 대한 해결 방안을 생각해내는 데 중요한 역할을 한다. 그러나 H. M.의 사례에서 보았듯이 단기기억만으로는 이것을 해낼 수 없다. 카페에서 친구와 만나 이야기를 나누고 있는데 옆 테이블 사람들이 나누는 대화에 더 귀를 기울이느라 친구의 말을 듣지 못한 적이 있을 것이다. 옆 테이블의 대화를 들으며 연신 고개를 끄덕이고 미소 짓고 있다가 갑자기 친구의 억양이 높아지는 순간 정신이 번쩍 들며 친구가 지금 내게 뭘 물어봤는지 듣지 못했다는 걸 깨닫고 당황하게 된다. 이처럼 인간의 작업기억은 상당히 제한적이다. 뭔가를 기억하기 위해서는 감각 신경을 통해서 정보를 수집하고, "지금 나에게 중요한 것은 무엇인가?" "놓치고 있는 것은 없는가?" "내가 알고자 하는 것은 무엇인가?" 같은 일련의 질문들을 통해 정보를 분류하고 처리한다. 그리고 나서 이 정보들을 나중에 필요할 때 쓸 수 있도록 기억한다. 분명 친구의 목소리가 귀라는 감각 기관을 통해 정보로서 흘러 들어갔겠지만, 이를 기억에 저장하는 작업을 거치지 않은 것이다. 이럴 때 해결할 방법은 딱 한 가지다. 친구에게 미안한 기색을 보이며 다시 말해달라고 하는 것이다.

노력은 배신하지 않는다
장기기억

7은 마법의 숫자다. 대부분의 평범한 사람이 숫자든 도형이든 한 번에 기억할 수 있는 개수가 7이기 때문이다. 그러나 이보다 훨씬 더 많은 걸 기억할 수 있는 사람들도 있다. 이들의 비밀을 밝혀내기 위해 뇌, 그중에서도 측두엽을 관찰하자 단기기억에서 장기기억으로 전환하는 과정이 상당히 유동적인 것을 알아낼 수 있었다.

1960년대 초, H. M.은 인간의 기억이 어떻게 작동하는가를 파헤치는 또 다른 실험에 참여하게 되었다. 연구원은 H. M.에게 별을 그려달라고 요청했다. 단, 별을 그리는 동안 그리는 자신의 손을 직접 보아선 안 되고 거울에 비친 모습만으로 별을 그려야만 했다.

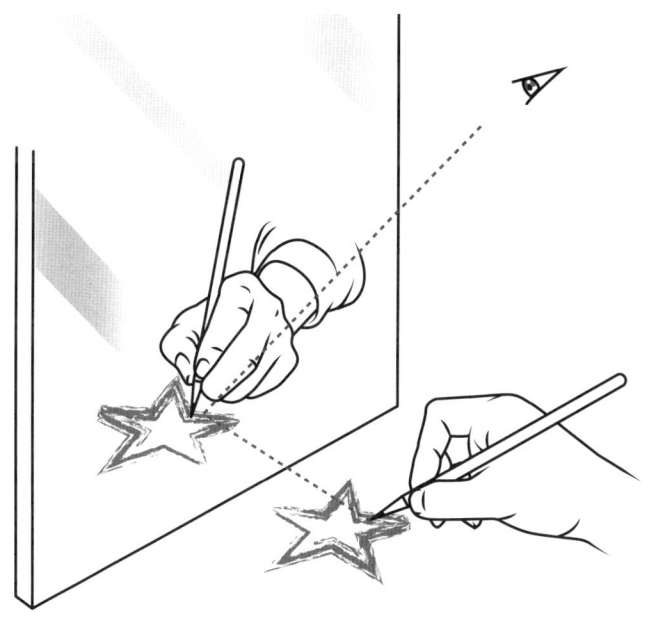

▲ 거울에 반사된 그림을 따라 그리는 행동으로 기억의 작동 방식을 연구했다.

H. M.은 최선을 다했지만 당연히 제대로 된 별을 그릴 수 없었다. 연구원은 다음날 다시 H. M.에게 동일한 과제를 수행하게 했다. 또다시 거울을 앞에 둔 H. M.은 이런 건 생전 처음 해본다고 말했고 연구원들은 처음부터 다시 설

명해야 했다. 이날도 H. M.은 최선을 다했지만, 삐뚤빼뚤한 별을 그릴 수밖에 없었다. 그러나 놀랍게도 전날보다 한층 나아진 모양이었다. 연거푸 며칠을 더 해보았더니 그릴 때마다 조금씩 나아지는 모습이 보였다. 그의 머리는 자신이 뭘 했는지 전혀 기억하지 못해 매번 똑같은 설명을 다시 들어야만 했지만 몸은 기억하고 있었던 것이다.

이 실험을 기점으로 학자들은 장기기억을 **암묵기억** implicit memory, 운동기억 과 **외현기억** explicit memory, 서술기억 으로 분류하게 되었다. 예를 들어 자전거나 수영을 익히고 반년 정도 해본 적이 없어도 안장 위에 타면 저절로 자전거 페달을 밟거나 물을 헤치고 앞으로 나아가는 자신을 발견할 것이다. 이처럼 몸을 움직이면서 축적되는 모든 무의식적 정보는 암묵 기억에 저장된다. 반면 반복적으로 듣고 보고 말하면서 외운 구구단이나 대통령 취임 순서 같은 것은 외우려고 노력했던 의식적인 기억과 함께 외현기억에 저장이 된다. 바로 여기에 우리가 기억하는 모든 경험과 지식이 저장되어 있다.

해마와 친구들
당신의 경험이 저장되는 과정

　기억력의 가장 중요한 임무는 인간이 생존할 확률을 높이는 것이다. 이전에 어떤 행동을 해서 다쳤거나 위험했던 경험을 토대로 앞으로는 실수를 반복하지 않고 더 나은 선택을 할 수 있도록 돕는 식으로 말이다. 앞으로 무엇을 해야 할지 계획할 때 인간은 기억을 바탕으로 시나리오를 구성한다. 물론 기억이 단번에 완벽한 해답을 제시하는 것은 아니다. 자신의 지식과 주변 환경에 맞춰 기억을 구성하고 또 구성하기를 반복하며 성공할 확률이 높은 시나리오를 완성해가는 것이다. 이 과정 중 아주 중요한 부분이 바로 해마에서 일어난다. 이전의 경험을 토대로 저장되어 있는 무수한 기억 조각 중 서로 연관된 조각들을 모으고 조합하는 과정이다. 즉, 해마가 손상되면 과거의 기억을 저장하는 능력만 상실하는 것이 아니라 미래를 그리는 능력도 상실하는 것이다.

　H. M.이 뇌전증 치료를 위해 뇌에서 제거한 부분이 바로 측두엽 안쪽에 위치한 해마라는 부위였다. H. M.처럼 해

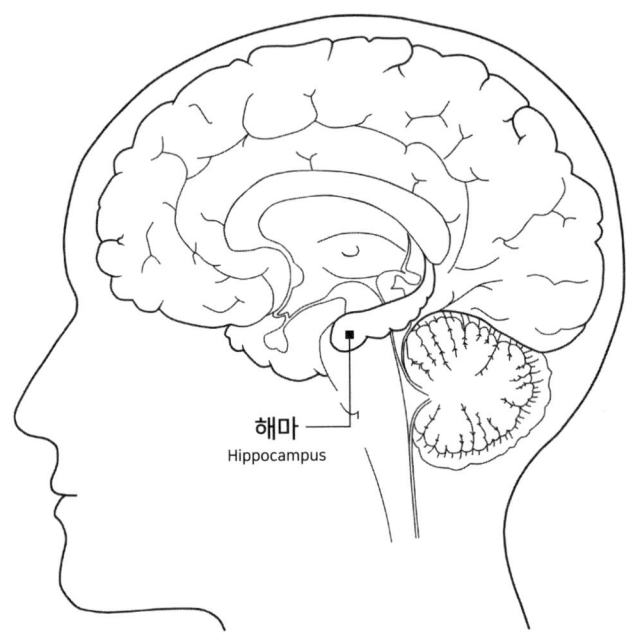

▲ 중앙 절개면에서 본 우뇌반구. 해마는 측두엽 아래에 위치한다.

마가 손상되면 머릿속에서 과거와 미래를 넘나드는 시간여행은 불가능하게 된다. 바로 지금 여기에 갇혀버려 오늘만을 살게 되는 것이다. 건강한 한 쌍의 해마가 우리가 과거, 현재, 미래를 모두 살 수 있게 해주는 셈이다.

기억이 대뇌 피질 전체에 분산되어 있다고 알려진 것은 1950년대 이후였다. H. M.은 25살 이전까지의 기억은 있으나 그 후로는 경험한 어떤 것도 저장할 수 없게 되었다. 그는 남은 생애를 자신이 20대라 믿고 살았다. 덕분에 매일 아침 거울 속 자신의 모습을 보고 소스라치게 놀라야 했다. 사진 속 나이든 자신의 모습을 알아보지 못하고 아버지라 생각하기도 했다. 사진 속 자신은 안경을 쓰고 있었고 그의 아버지는 평소 안경을 쓰지 않았는데도 말이다. H. M.의 사례를 연구한 학자들은 이를 근거로 해마가 기억을 저장하는 과정에 중요한 역할을 한다는 결론을 내렸다.

해마는 우리가 보고 듣고 경험한 것들을 기억하기 위해 모든 정보를 암호화하는 과정을 거친다. 정보는 암호화하지 않으면 그냥 사라져버리기 때문이다. 해마는 정서를 담당하는 변연계와 더불어 대뇌 피질 곳곳에서 감각 정보를 수집한다. 정보가 충분히 수집되면 해마는 이를 토대로 기억을, 더 정확히 표현하자면 후에 재구성할 수 있는 기억의 단편들을 만들어낸다. 해마에서 분류 작업을 마친 정보는

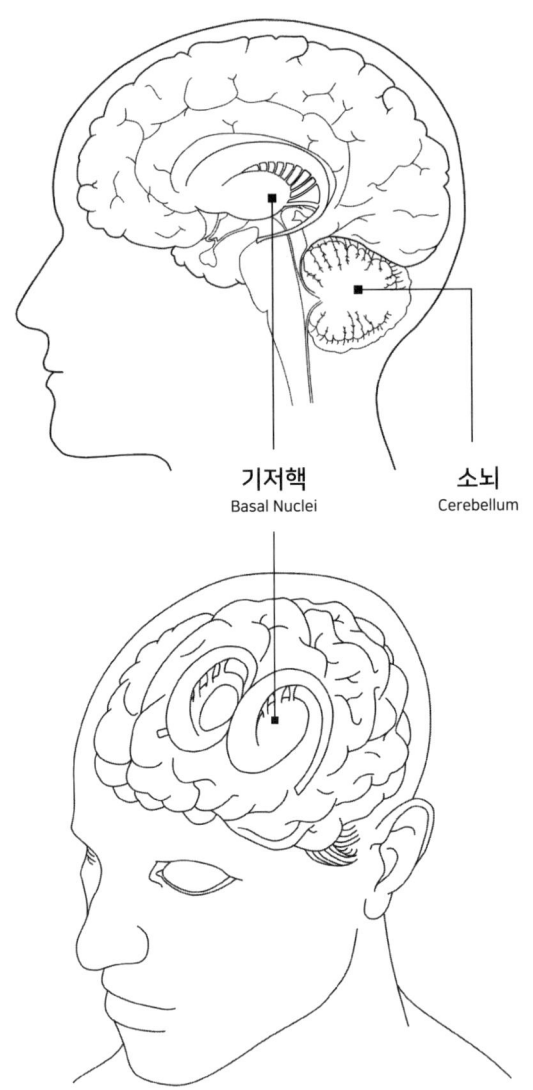

▲ 중앙 절개면에서 본 우뇌반구
위에서 내려다보면 달팽이처럼 생긴 두 개의 기저핵을 볼 수 있다.

장기기억으로 저장된다. 그렇다고 필요할 때마다 저장해 둔 그대로 언제든 꺼낼 수 있게 한곳에 차곡차곡 정리해 두는 것은 아니다. 시각 정보는 시각피질에, 청각 정보는 청각피질에, 촉각 정보는 체성감각피질에 그리고 감정은 편도체에 각각 나뉘어 저장된다. 이때 전두엽은 해마의 가장 든든한 조력자로서 역할을 한다. 수집한 모든 정보를 전두엽의 작업기억에서 처리한 뒤 해마로 보내 저장하기 때문이다. 전두엽은 수집한 정보들을 선별하고, 또 선별한 정보들을 어떻게 처리해야 할지 알려준다.

그러나 가끔 전두엽이 본분을 망각한 채 지금 읽고 있는 중요한 글은 흘려 보고 두 달 뒤에 있을 휴가 계획, 어젯밤 꾼 꿈, CF 노래 가사 등 잡다한 정보를 해마에게 마구 보낼 때가 있다. 그러면 스스로 정보를 선별해서 기억할 능력이 없는 해마는 무방비하게 전두엽이 보내는 불필요한 정보를 저장하게 된다. 이럴 때면 당신이 직접 나서서 지금 읽고 있는 문장을 반복해서 읽고 또 읽는 등 전두엽이 지금 기억해야 할 정보를 해마에게 보내도록 강제적인 조치를 취해야 한다.

소뇌 cerebellum 와 기저핵 basal nuclei 또한 전두엽만큼 자주는 아니지만 종종 해마와 협조하는 관계다. 이들은 외현기억보다는 암묵기억과 관계가 깊다. 전두엽과 해마가 '무엇'을 기억하는 데 관여한다면 소뇌와 기저핵은 '어떻게'를 기억하는 데 관여하기 때문이다. 숙련도가 필요한 악기 연주나 처음엔 뜻대로 되지 않던 훌라후프나 줄넘기를 쉽게 하게 되는 건 이들 덕분이다. 만약 해마나 소뇌, 기저핵 중 어느 하나라도 제대로 기능을 하지 못한다면 죽어라 연습을 해도 매일 처음하는 것처럼 실수를 할 테니 말이다.

광고에 현혹되는 정당한 이유
조건과 학습

 기억이 무언가를 저장하는 일이라면, 학습은 그 저장한 무언가를 습득하는 일이다. 다시 말해 기억은 모든 학습의 기본이며, 학습을 하지 않으면 장기적으로 기억에 남는 건 없다. 학습한 정보를 꺼내 쓰려면 저장되어야 하고, 학습 없이 저장되기만 한 정보는 오래 가지 못하기 때문이다.

 학습에는 뇌의 여러 부분이 관여한다. 예를 들어, 전전두엽 피질과 **시상하부**hypothalamus 는 학습에 필요한 상벌체계에 중요한 역할을 담당한다. 또한 일관된 훈련은 인간의 움직임에 관여하는 대뇌 피질에 눈에 띄게 영향을 미친다. 가령 오른손잡이가 왼손을 사용하는 훈련을 하는 식이다. 실제로 왼손을 많이 사용하는 현악기의 연주가는 왼손을 담당하는 피질의 크기가 다른 오른손잡이에 비해 훨씬 크다는 연구결과가 있다. 특히 어릴 때부터 악기를 연주하기 시작한 사람들에게서 차이가 가장 컸다.

 러시아의 유명한 생리학자인 이반 파블로프 Ivan Pavlov 는 개의 소화 기관을 연구하는 과정에서 개가 먹이를 먹을 때

침샘에서 분비되는 침의 양을 측정하는 연구를 하고 있었다. 그러다 어느 순간 먹이를 주기 전에도 침샘의 분비량이 증가한다는 사실을 발견했다. 개들은 먹이를 먹기도 전에 자신을 향해 다가오는 인간의 발자국 소리나 먹이를 준비하는 소리 등 곧 먹이가 온다는 신호만 느껴도 침을 흘리기 시작했던 것이다. 이를 계기로 파블로프는 자극과 생리적인 반응의 연관관계를 연구하기 시작했다. 파블로프는 개에게 먹이를 줄 때마다 종소리를 들려준 다음 먹이를 주었다. 얼마 후 개들은 종소리가 들릴 때마다 침을 흘리기 시작했다. 종소리는 곧 식사 시간을 의미하게 된 것이다. 이러한 유형의 학습을 **고전적 조건형성** classical conditioning이라고 한다. 종소리뿐만 아니라 어떤 것이든 반응과 자극을 연합하면 학습이 가능하다는 것을 깨달은 것이다.

고전적 조건형성은 일종의 무의식적 학습이다. 혹시 평소 좋아하던 음식을 먹고 크게 탈이 난 뒤 한동안 그 음식을 기피한 경험이 있는가? 또는 유명 배우가 입은 옷을 보는 순간 갖고 싶다는 욕구를 느껴본 적이 있는가? 누구도 좋아하던 음식이 구토와 복통의 상징이 되길 원하지 않을 것이고, 누구도 광고에 휘둘리며 지갑을 열고 싶지 않을 것이다. 그러나 반응과 자극의 연합은 무의식적으로 학습되기 때문에 누군가는 하루 아침에 좋아하던 음식만 보면 속이 울렁거리게 되고 누군가는 광고를 보면서 홀린듯이 카드를 꺼내게 된다.

조작적 조건형성^{operant conditioning}은 고전적 조건형성에 비해 보다 더 의식적인 조건화 방식이다. 개에게 "앉아"와 "손"을 훈련시키는 과정을 생각해보자. 처음엔 "앉아"라고 말하는 동안 우연히 개가 앉을 때까지 기다려야 한다. 그리고 개가 앉는 순간 간식을 준다. "손"도 마찬가지다. 이걸 반복하면 이후 개는 "앉아"라는 말을 들으면 앉고 "손"이라는 말을 들으면 손, 아니 정확히는 앞발을 내밀 것이다. 자동차의 안전벨트 미착용 경고음도 일종의 조작적 조건형성이다. 안전벨트를 착용하면 성가신 경고음이 사라질 것을 알고 안전벨트를 착용하기 때문이다. 이처럼 조작적 조건형성은 어떤 행동을 하면 어떤 결과가 나타난다는 것을 보여줌으로써 어떤 행동을 증가시키거나 감소시킨다. 고전적 조건형성에 비해 의식적인 학습 방식이다.

가장 간단한 학습 방법은 익숙해지는 것이다. 반복적으로 자극을 받다 보면 반응이 줄어드는데 이를 **습관화**^{habituation}라고 한다. 매번 운동화만 신다가 처음 구두를 신으면 갑갑하고 불편한 느낌이 들다가 어느 순간 구두를 신고 있다는 것도 잊는다거나, 하루 종일 음악이 들리는 매장에 있다 보면 노래가 들린다는 걸 모른다거나, 매일 짠 음식을 먹다 보니 다른 사람이 짜다는 음식을 싱겁게 느끼는 등 일상 곳곳에서 습관화된 것들을 발견할 수 있을 것이다. 이때 구두의 높이를 높인다거나, 하루 종일 들리던 음악이 클래식에서 락으로 바뀌는 등 자극에 변화가 생기면 줄어들었던 반응이 다시 생기면서 자극을 느끼게 되는데, 이를 **탈습관화**dishabituation 라고 한다.

그러나 습관화나 고전적 조건형성으로 학습한 것은 의식적 기억에 저장되지 못한다. 특정 상황에 익숙해져 무의식적으로 결과를 예측하게 되기 때문이다. 피아노를 친다거나 운전을 하는 것 같은 보다 복잡한 작업을 할 때는 외현기억과 암묵기억에 저장된 정보에 의지하게 된다. 피아노를 치는 데 필요한 악상기호들의 의미와 운전하는 데 알아야 하는 도로법규 같은 정보들은 외현기억에 저장되고, 반복적인 연습을 통해 습득되는 기술은 암묵기억에 저장된다. 하지만 다른 사람의 행동을 보고 배운다면 이 복잡한 학습의 부담을 덜 수 있다.

예를 들어 성인이 되어 처음으로 운전 면허를 따러 교육을 받으러 갔을 때 생각보다 자신이 아는 게 많다는 것을 깨달을지도 모른다. 어릴 때부터 부모님이 운전하는 모습이나 대중 교통을 이용할 때 관찰한 것들을 학습했기 때문이다. 피아노도 마찬가지다. 태어나서 처음으로 피아노를

치는 순간이 왔을 때 건반을 발이나 손바닥으로 치려는 사람은 흔치 않을 것이다. 한 번쯤은 누군가 피아노 앞에 앉아 손가락으로 건반을 누르는 모습을 본 적이 있을 테니 말이다. 더군다나 계이름만 배우면 더듬거리면서 간단한 동요의 멜로디는 금방 칠 수 있게 될 것이다. 다른 사람들이 하는 것을 유심히 관찰한 후 이를 모방하며 학습한 덕분이다.

모방으로도 충분히 학습이 된다는 것을 증명하기 위해 심리학자 앨버트 반두라$^{Albert\ Bandura}$는 한 가지 실험을 해보았다. 먼저 방에 홀로 있는 아이에게 어른이 광대 인형을 마구 때리는 영상을 보여주었다. 그리고 이 아이를 인형이 있는 방에 들여보냈다. 그러자 아이는 영상에서 보았던 대로 인형을 마구 때리기 시작했다. 심지어 영상에서 어른이 인형을 때리고 보상을 받는 걸 보았다면 아이가 인형을 폭력적으로 다룰 확률이 훨씬 높아졌다.

기억력을 높이는 가장 좋은 방법
집중력과 기억술

새로운 것을 학습할 때 난생 처음 듣는데도 즉시 뇌리에 남는 것이 있는가 하면 수십 번, 수백 번을 들어도 늘 처음 듣는 것처럼 새로운 것이 있다. 이 차이는 어디에서 오는 것일까? 여러 가지 요인이 있겠지만, 그중 가장 중요한 요인은 주의력을 집중하고 유지하는 정도다. 집중력을 강화하고 유지하기 위해서는 건강한 시상과 완벽히 기능하는 전두엽의 역할이 크다. 그렇다면 시상과 전두엽을 자극해 집중력을 강화하고 기억력을 높이는 방법은 어떤 게 있을까?

1. 건강한 신체에 건강한 기억력이 깃든다

집중력은 수면 부족과 스트레스에 큰 영향을 받는다. 그러므로 중요한 시험이나 면접을 앞두고 밤을 새는 것은 도움이 되지 않는다. 시험 전날엔 충분히 자야 지금까지 준비한 것들을 제대로 발휘할 수 있다. 만약 중요한 날이 가까워질수록 스트레스를 받고 부담을 느끼는 성향이라면 중요한 내용은 사전에 암기하거나 숙달하는 것이 좋다.

2. 오감을 활용한 집중력 높이기 – 시각

오감을 활용해서 암기하면 훨씬 오래 기억할 수 있다. 우선 긴 글을 읽어야 한다면, 단순하고 쭉쭉 뻗은 글자체보다는 약간의 주의집중이 필요한 글자체가 좋다. 제대로 읽으려면 신경을 써야 하기 때문에 조금 더 집중하게 되고 더 잘 기억할 수 있다.

새로 얻은 정보를 잘 기억하는 가장 좋은 방법은 이미 알고 있거나 익숙한 것과 연관 짓는 것이다. 기억하고 싶은 것을 자신에게 의미가 있는, 또 자신이 확실히 알고 있는 무엇인가와 연관 짓는다면 뇌리에 깊숙이 새길 수 있다. 가장 대표적인 것으로, 낱말 카드가 있다. 난생 처음 알파벳이나 한자 같이 낯선 단어를 학습할 때 글자 모양과 유사한 그림과 글자를 같이 배치하면 쉽게 외울 수 있다. 이것이 바로 가장 흔하게 사용하는 기억법 중 하나인 이미지를 활용한 연상 기억술이다.

3. 오감을 활용한 집중력 높이기 – 청각

꼭 외워야 하는 중요한 내용을 볼 때는 소리 내어 읽는 것이 효과가 좋다. 이때 뇌는 시각적 정보뿐만 아니라 청각적 정보도 동시에 수용하기 때문에 훨씬 강력한 기억을 형성한다(단, 이 방법은 가장 중요한 부분을 암기할 때만 사용해야 한다. 전체를 이런 방식으로 암기하면 오히려 효과가 떨어진다). 그리고 나서 암기했던 부분을 반복해서 상기해본다. 다시 말해 기억을 인출하는 방법을 연습해보는 것이다.

여러 단어를 한꺼번에 외워야 할 때는 단어들의 첫 글자를 따서 기억하기 쉬운 하나의 단어로 만든다거나 리듬이 간단한 노래 가사를 외워야 할 내용으로 개사해서 암기하는 방법도 있다. 국사 시간에 조선왕조계보를 외울 때 1대 왕부터 27대 왕까지 이름의 앞 글자만 따서 동요 노랫가락에 붙여서 부르던 기억이 있을 것이다. "태정태세문단세 예성연중인명선 광인효현숙경영 정순헌철고순종" 덕분에 하나씩 외웠더라면 헷갈리고 어려웠을 그 긴 계보를 오랜 시간이 지난 지금까지도 노랫말처럼 흥얼거릴 수 있게 된 것이다.

4. 감정을 활용한 기억력 높이기

기쁨, 슬픔, 즐거움과 같은 감정을 연결하면 보고 들은 것들을 더 잘 기억할 수 있다. 그러나 너무 격렬한 감정은 중요한 기억을 저장하는 데 오히려 해로운 영향을 미칠 수 있다. 극단적인 사례로, 강도 피해를 당한 피해자의 경우 자신을 향한 날카로운 칼날은 생생하게 기억해도 강도의 인상착의는 전혀 기억하지 못하는 경향이 있기 때문이다.

5. 환경을 활용한 기억력 높이기

　기억해야 할 게 있다면 술은 멀리하는 것이 바람직하다. 적어도 기억한 걸 꺼내야 하는 순간이 맨정신일 때라면 말이다. 놀랍게도 술에 취한 채로 무언가를 기억했다면 술에 취했을 때 그 기억이 더 잘 난다. 이는 특정 정보를 학습할 때와 유사한 환경일 때 그 기억을 인출하는 과정이 매끄럽기 때문이다. 실제로 어린 시절을 러시아에서 보내고 현재 미국에 거주하는 러시아계 미국인들의 경우 영어보다는 러시아어로 이야기할 때 어린 시절을 더 상세하게 기억해낼 수 있었다. 따라서 조용한 강당에서 시험을 치를 예정이라면 조용한 환경에서 시험 준비를 하는 것이 좋다.

　이런 식으로 기억의 작용을 최적화시킨 후 더 확실하게 기억하길 원한다면 이제 반복 작업이 필요하다. 반복은 모두가 알다시피 기억력 향상에 가장 큰 도움이 되는 방법이다. 기왕 반복이 기억력 향상에 도움이 된다고 했으니 잊지 않도록 다시 한번 말하자면, 이미 학습한 내용을 반복해서 연습하는 것은 기억력을 향상시킨다. 암기할 내용을 기억에 잘 저장하는 것도 중요하지만 기억을 능숙하게 인출하는 것 또한 매우 중요하다는 사실을 기억해야 한다.

　하지만 어디든 예외는 있다. 어떤 사람들은 비행기를 탄

채 대도시의 상공을 지나가며 창밖을 잠깐 봤을 뿐인데 그 도시가 어떻게 구성되어 있는지 놀랄 정도로 상세하게 기억한다. 심지어는 전화번호부를 통째로 암기할 수 있는 사람들도 있다. 그러나 이들은 대부분 사람들이 당연히 해내는 일상적인 일들을 해내는 능력이 결여되어 있다. 이처럼 지적 장애를 가졌으나 기억력과 같이 특정 분야에서는 비범한 능력을 보이는 사람들을 서번트 savant 라고 부른다. 이렇게 이례적으로 놀라운 기억력은 특정한 유형의 뇌 손상에 의해서 생긴다. 이런 현상을 설명하기 위한 가설은 많으나 아직 명확하게 원인이 밝혀지지는 않았다. 하지만 정보가 들어올 때 필요한 것과 불필요한 것을 걸러내는 좌뇌반구가 손상되었거나 결함이 있을 것이라는 가설이 가장 큰 신빙성을 얻고 있다.

한 사례로 걸음을 떼기도 전부터 글을 읽을 정도로 어마어마한 두뇌를 자랑하는 킴 픽 Kim Peek 이라는 인물이 있다. 그는 오른쪽 눈과 왼쪽 눈을 따로 움직여 동시에 책의 양 페이지를 읽을 수 있었고 12,000권에 달하는 책을 암송하기도 했다. 그러나 그는 비정상적으로 비대한 머리를 지녔고 대뇌 좌우반구를 연결해주는 뇌량이 없었으며 소뇌도 없었다. 당연히 정신 장애 진단을 받았다. 1984년, 킴 픽을 만난 시나리오 작가 베리 모로우 Barry Morrow 는 그의 생애를 바탕으로 영화 〈레인 맨$^{Rain Man}$〉을 탄생시켰으며 이 영화는 오스카상을 수상하기도 했다.

어릴 땐 다른 아이들보다 글을 빨리 떼거나 각국의 수도를 줄줄 암기하면 똑똑하다는 소리를 들을 수 있었다. 하지만 현실은 다르다. 지식은 노력해서 암기할 수 있어도 지능은 그럴 수 없기 때문이다. H. M.은 어제 있었던 일도 기억하지 못했지만 성격도 좋고 지적이었다. 반면 킴 픽은 단숨에 두꺼운 책을 읽고 토시 하나 빼놓지 않고 읊을 수 있었지만 자신의 셔츠 단추 하나 제대로 잠그지 못했고 일상적인 의사소통도 어려웠다.

처음이 어렵지 두 번은 쉬운 이유
시냅스의 연결 고리

인간의 뇌에는 무려 860억 개에 달하는 뉴런이 존재한다. 이젠 새로운 뉴런을 생성할 수 있는 뇌 영역은 거의 없다고 봐도 과언이 아니다. 새로운 뉴런을 생성할 자리가 없다니, 그렇다면 더 이상 새로운 걸 배우는 건 불가능한 걸까? 그렇지 않다. 이미 다른 정보를 저장하고 있는 기존의 뉴런을 활용하여 새로운 정보를 저장한다. 수학이라는 걸 처음 배울 때를 생각해보자. 이때 뇌는 수학에 대한 새로운 정보들을 저장할 수 있는 일명 '수학 뉴런'을 새로 생성하기보다는 기존에 있던 '숫자 뉴런' 같은 걸 활용하는 식이다.

이 과정을 조금 더 구체적으로 설명하자면, 당신이 학습하고 기억하는 모든 정보는 신경망을 통해 일련의 전기적/화학적 신호로 전송된다. 뉴런은 다시 이 신호를 전기적 신호 형태로 축삭돌기로 전달한다. 이 전기적 신호가 축삭돌기의 말단에 도달하면 화학적 신호로 전환되어 두 축삭돌기 사이인 시냅스 간극으로 방출된다. 이 화학적 신호를 다음 뉴런의 수상돌기에서 받아들여 전기적 신호로 전환한 후 다시 축삭돌기를 거쳐 다음 뉴런으로 전달한다. 이 과정을 반복하며 신경망이 형성된다. 이때 뉴런 간의 정보 전달이 이루어지는 곳이 바로 시냅스다. 즉, 시냅스가 많으면 많을수록 새로운 정보를 받아들이는 데 유리하다.

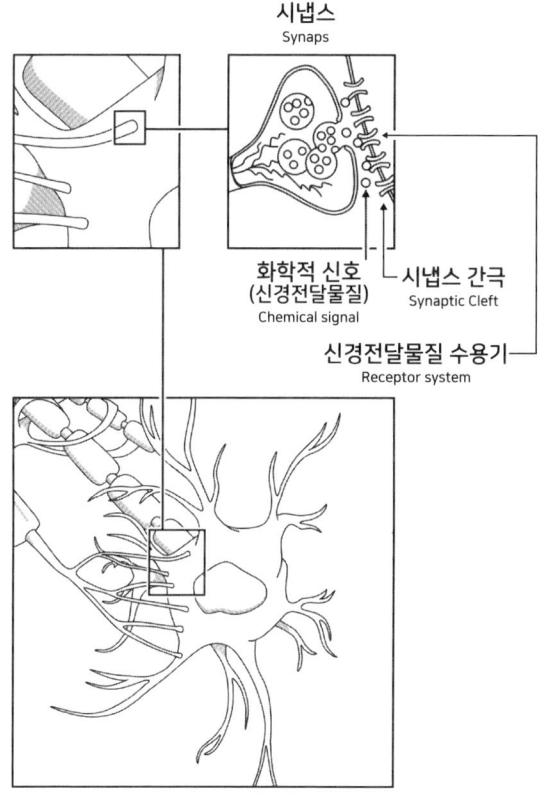

▲ 인접한 축삭돌기가 서로 접촉하면서 신경망을 이루는 모습이다.

그렇다면 어떻게 시냅스를 늘릴 수 있을까? 답은 의외로 간단하다. 새로운 무언가를 배우는 것이다. 갑자기 무리하게 철학 박사학위에 도전한다든가 하는 거창한 것이 아니어도 좋다. 탁구를 배운다든지 살사 댄스를 시작한다든지 일상의 모든 새로운 도전은 시냅스를 늘리는 데 거의 동일한 효과를 낼 수 있다. 시냅스가 늘어날수록 신경망 또한 증가할 것이다. 하지만 새로 배운 것을 반복해서 연습하지 않는다면 새로 생성된 시냅스도 사라진다. 시냅스를 영구적으로 유지하는 방법은 반복적이고 꾸준히 사용하는 것이다. 이는 시냅스들이 LTP^{Long Term Potentiation, 장기강화작용}라는 놀라운 현상에 의해서 강화되기 때문이다.

노르웨이의 신경 과학자인 뢰모^{Terje Lømo} 교수가 LTP를 발견한 것은 1966년이지만 과학계가 LTP의 중요성을 이해하기까지는 그로부터 오랜 시간이 흐른 뒤였다. 뉴런도 학습하기 때문에 자주 사용하는 신경망은 시간이 지남에 따라 효율성이 증가한다. 가령 새로운 댄스 동작을 배웠다고 치자. 처음엔 동작이 어색하고 어렵겠지만 반복해서 연습을 하다 보면 어느새 자연스러워지고 쉬워지는 것을 느낄 것이다. 이는 뉴런이 LTP를 활성화시키고 증가시키면서 서로 주고받는 신호전달이 강화되기 때문이다.

한 개의 뉴런에는 1,000개에서 1,500개에 달하는 시냅스가 존재한다. 그러나 모든 시냅스가 똑같이 그리고 효율적으로 작동하지는 않는다. 개중에서도 자주 사용하는 시냅스에서는 뉴런 간의 감도^{sensitivity}가 점차 증가하는데, 이것이 바로 LTP다. 마치 자주 만나는 친구와 더 친해지듯이 자주 소통한 뉴런 사이에 보다 밀접한 관계가 형성되는 것이다. 이들은 다른 뉴런이 보내는 신호보다 서로의 신호에 더 많은 주의를 기울인다. 그래서 미약한 신호를 보내도 반응할 수 있는, 쉽게 말하면 길게 말하지 않아도 이해하는 사이가 된다.

이렇게 LTP가 강화되어 시냅스의 감도가 높아지면 미엘린의 두께도 달라진다. 앞서 언급했듯이 신경 조직은 백질과 회백질로 구성되어 있으며 시냅스는 대체로 회백질에서 발견된다. 그러나 정보는 시냅스에 저장되어 있는 것이 아니라 신경망에 저장되어 있다. 신경망은 지점 A부터 지점 B를 통과하는 전기적 신호가 지나가는 축삭돌기로 이루어졌는데, 이 축삭돌기를 둘러싸고 있는 지방질이 바로 미엘린이다. 미엘린은 축삭돌기를 통과하는 전기적 신호가 흩어지지 않고 효과적으로 전송되도록 안전한 통로 역할을 한다. 특별히 중요한 신호를 전달하는 경로의 미엘린은 두께가 더 두꺼운 것을 볼 수 있다. 덕분에 전달 속도도 빨라지고 이동 도중에 신호가 손상될 확률도 줄어든다.

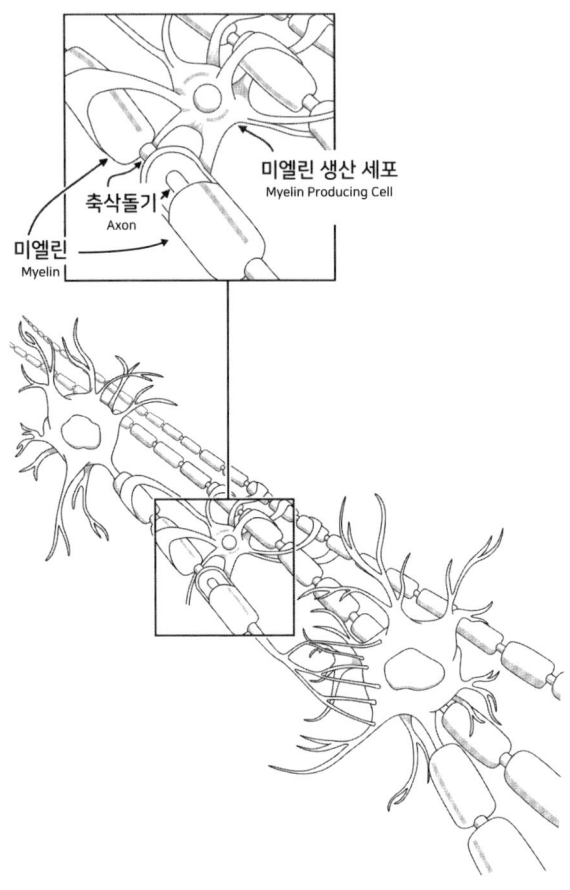

▲ 축삭돌기는 미엘린으로 둘러싸여 있어서 전기적 신호가 안전하고 빠르게 이동할 수 있다.

즉, 신경망은 LTP를 증가시켜 시냅스의 감도를 높일 뿐만 아니라 미엘린도 두꺼워져 다른 경로보다 높은 속도를 자랑하는 고속도로 역할을 하기도 한다. 미엘린과 시냅스는 둘 다 혈관으로부터 영양분과 산소를 공급받아야 하기 때문에 학습을 하면 할수록 신경망에서 필요로 하는 에너지 수요가 점점 늘어나는 것을 충당하기 위해 더 많은 혈관을 생성해야 한다.

그렇다면 뇌가 잘못된 정보를 학습한 채로 시냅스가 강화되면 어떻게 될까? 예를 들어 흔하게는 이름을 잘못 안 채로 정보를 깊이 저장해 두는 식이다. 나에게도 그런 경험이 있다. 내가 어릴 적 노르웨이에 살 때의 일이다. 어머니께서 한 영어 선생님에 대한 일화를 들려주셨다. 이 영어 선생님은 웬만해선 실수를 하지도 않았고 학생이 어떤 질문을 해도 답을 몰라 우물쭈물하지도 않는 사람이었다. 그러던 그가 어느 날 수업 도중에 오렌지를 말한다는 것이 그만 노르웨이어로 오렌지를 뜻하는 아펠신 appelsin 과 영어인 오렌지 orange를 합쳐서 아펠시네 appelsine 라고 발음하는 실수를 범했다. 학생 중 한 명이 그의 실수를 지적했지만 그는 끝끝내 자신의 실수를 인정하지 않았다. 그 후 전교생이 그를 '아펠시네 씨'라고 불렀다고 한다. 이 이야기를 들었을 때 모두 웃었지만 영어를 모르던 나는 어리둥절하다 나중에서야 엄마의 설명을 듣고 이해할 수 있었다. 그러나 이 일화는 뇌리에 깊숙이 남아 나에게는 '오렌지'가 '아펠시네'가 되었다. 영어를 능숙하게 사용하게 된 지금도 비행기에서 음료를 주문할 때마다 "아펠시네 주스 한잔 주세요."라는 말이 튀어나오지 않도록 '오렌지, 오렌지, 오렌지'를 속으로 되뇐 후 오렌지 주스를 주문한다.

   아펠시네와 오렌지라니. 완전히 다른 단어인데도 한번 뇌에서 깊이 학습되자 놀랍게도 고치기가 쉽지 않았다. 잘못 학습된 내용을 머릿속에서 지우는 방법이 있으면 좋겠지만 안타깝게도 뇌에는 '삭제' 버튼이 없다. 오히려 잊으려 하면 할수록 더 기억이 강화될 것이다. 오렌지를 아펠시네라고 말하려 할 때마다 어머니에게서 아펠시네 씨 일화를 처음 듣고 기억에 저장할 때 사용했던 것과 동일한 신경망이 재가동되기 때문이다.

인간은 평생 뇌의 10%밖에 사용하지 못한다?
용량 제한 없는 하드 디스크, 뇌

　인간은 평생 뇌의 10%밖에 사용하지 못한다는 오랜 속설이 있다. 이 속설은 할리우드 영화계의 단골 소재로 등장하며 점점 사실처럼 몸집을 불렸다. 2014년에 개봉한 영화 〈루시^{Lucy}〉는 뇌 사용량 10% 속설을 전제로, 주인공 루시가 약물의 도움을 받아 자신의 뇌 사용량을 늘려갈 때 겪게 되는 변화, 종국에는 뇌 사용량이 100%에 달했을 때 벌어지는 일들을 그린 영화다. 신경과학자 입장에서 이 영화는 사실 어처구니가 없다. 화학적 자극이 없다고 해서 뇌의 90%가 놀고 있지는 않는다. 오히려 인간은 뇌의 모든 뉴런을 사용하고 있다.

　그렇다고 해서 뇌의 잠재력도 한계에 도달했다는 뜻은 아니다. 뉴런은 지금 당장이라도 수천 개의 새로운 네트워크를 형성할 수 있기 때문이다. 그뿐만 아니라 LTP가 증가하면서 시냅스의 효율성도 증가시킬 수 있다. 뇌는 태어날 때부터 용량이 정해진 하드디스크가 아니다. 860억에 달하는 뉴런이 끊임없이 변화하는 덕분에 언제든지 새로운 것을 학습하고 기량을 향상시킬 수 있다. 다시 말해 뇌의 저장 용량은 정해져 있는 것이 아니라 기존의 기억에 새로운 경험과 기억들이 더해지며 계속 변화할 수 있다.

중요한 일을 앞두고 몇 날 며칠을 매달린 뒤 머릿속이 꽉 차서 더 이상 아무것도 머릿속에 들어가지 않을 것 같다고 생각한 경험이 한 번쯤은 있었을 것이다. 그러나 뇌과학자들은 인간의 뇌가 가진 저장 능력은 거의 무한하다고 보는 관점이 지배적이다. 만약 뭔가를 잊었다면 그건 머릿속에서 지워진 것이 아니라 뇌가 그 기억을 끌어내는 데 어려움을 겪고 있는 것일 뿐이다. 무언가를 가리키고 싶은데 입안에서만 맴돌 때, 약간의 힌트만으로 기억이 나지 않던 단어가 번뜩 떠오른 적이 있을 것이다. 또는 정작 기억해내려고 애쓸 때는 기억나지 않던 게, 그냥 포기하고 전혀 다른 일에 신경을 쓰고 있을 때 불현듯 떠오르는 경험도 한 번쯤은 해보았을 것이다. 이런 경험들이 바로 기억이 사라진 것이 아니라 일시적으로 뇌가 그 기억에 접근하는 데 어려움을 겪었을 뿐이라는 증거다.

잊은 게 아니라 아직 못 찾은 거예요
보통 사람의 기억법

만약 어디선가 낯선 용어를 들었을 때 이 용어가 전혀 들어본 적이 없는 단어라면 스스로 이 단어를 저장한 적이 없다는 사실을 그 즉시 깨달을 것이다. 쉽게 말해 '나는 이 단어를 모른다!'라는 결론에 도달하기 위해 기억을 샅샅이 훑어볼 필요가 없다는 뜻이다. 반대로 들어본 적만 있는 정도라면 이 또한 즉시 깨달을 수 있다. 물론 이런 경우엔 그 단어가 무슨 뜻인지, 어디에 쓰이는지, 어디서 들었는지에 대한 정보를 기억 속에서 검색해내는 데 시간이 걸릴 수 있다. 이때 걸리는 시간은 마지막으로 이 정보를 사용한 지 얼마나 되었는가에 좌우된다.

인간의 뇌는 항상 의식적으로나 무의식적으로 정보를 중요한 것과 그렇지 않은 것으로 분류하는 작업을 하는 중이다. 그리고 중요하지 않은 것처럼 보이는 정보는 거의 저장하지 않는다. 가령 길을 가다가 만난 고양이의 무늬나 버스에서 만난 남자의 재킷 색깔까지 일일이 저장하진 않는다. 그러나 이 분야에서는 그 어떤 것도 100퍼센트 확신한다고 말할 수 없다. 예를 들어 외부 침입으로 보안 경보 시스템이 작동했을 때 언뜻 창문 밖에 지나가던 차량의 색상을 기억할 수 있다는 사실을 알면 깜짝 놀랄 것이다. 이 때문에 최근 들어 뇌분야 학자들은 중요하지 않은 정보도 아주 잠시 동안 기억에 저장된다고 보기 시작했다. 아마도 나중에 언제든 스쳐 지나가듯 들어온 이 정보가 중요해질 수도 있다고 뇌가 판단했기 때문인지도 모른다.

이처럼 특정 기억을 불러오는 능력은 기억이 저장되어 있는 신경망의 안정성과 내구력에 좌우된다. 앞서 보았듯이 신경망은 자주 사용할수록 강화되며 강렬한 경험일수록 기억하기 쉽다. 기억은 단순히 과거의 경험을 회상하는 단순한 행위라기보다는 과거의 경험과 새로운 경험을 혼합하는 창의적인 과정이라고 할 수 있다.

또한 기억은 한 곳에 고스란히 저장되는 게 아니라 대뇌피질 곳곳에 나뉘어 저장된다. 따라서 예상치 못한 자극으로 어떤 기억이 떠오르기도 한다. 특히 주변 환경과 분위기는 특정한 기억을 상기하는 데 도움이 된다. 아마 무언가를 가지러 방에 들어갔는데 무엇을 가지러 온 것인지 전혀 기억이 나지 않는 경험을 한 적이 있을 것이다. 이럴 때는 다시 있던 곳으로 되돌아와 왜 그 방에 가려고 했는지를 생각해보면 바로 떠오르기도 한다. 주변 환경이 기억을 상기하는 데 도움을 준 것이다. 이와 비슷한 경우로 출근길에 운전을 하면서 몇 년 전 바다로 갔던 기억을 떠올리는 것보다 바닷가에 누워 있을 때 떠올리는 게 더 생생하게 기억날 것이다. 환경뿐만 아니라 감정적인 상태도 유사할 때 훨씬 더 기억이 잘 난다. 행복할 때는 즐거운 기억이, 기분이 가라앉아 있을 때는 슬펐던 기억이 더 잘 난다.

뇌가 기억을 불러오는 방법은 두 가지가 있다. **회상**recollection과 **재인**recognition이다. 회상은 능동적으로 기억에 저장되어 있는 것을 고스란히 끄집어 내는 것이고 재인은 회상에 비해 훨씬 수동적이며 부지불식 중에 지나가는 과정으로, 지금 보고 듣는 것을 기억 속의 정보와 비교하며 확인하는 인지 과정이다. 뇌에는 얼굴 인지 영역이 있어서 수천 명의 군중 속에서도 아버지의 얼굴을 식별해낼 수 있게 해준다. 그러나 다른 사람들도 그 군중 속에서 아버지를 식별해낼 수 있을 만큼 말로 묘사할 수는 없다. 즉, 뇌는 가족, 친구 혹은 유명 연예인처럼 주기적으로 보는 얼굴들에 대한 인식 정보를 특정 뇌세포에 저장한다.

혹시 할리우드 배우 제니퍼 애니스톤 뉴런이 존재한다는 사실을 알고 있는가? 저명한 뇌과학자 크리스토프 코흐Christof Koch는 뇌전증 환자의 발작 억제를 위해 환자의 뇌에 전극을 삽입한 다음 뇌 속 뉴런의 활동을 관찰하는 실험을 했다. 이 실험 결과 놀랍게도 제니퍼 애니스톤의 사진에 반응하는 뉴런이 따로 있다는 사실을 발견했다. 화보 사진이든 영화 속 한 장면이든 혹은 이름만 들어도 이 뉴런이 활성화된다는 것이다. 제니퍼 애니스톤만이 아니라 다른 유명인, 친구, 가족 등 자신이 잘 알고 있는 누군가를 인지하는 것만으로도 특정 뉴런이 활성화되는 패턴을 보였다. 이는 특정 기억을 상기할 때는 그 기억을 형성할 때 사용했던 신경망과 동일한 네트워크를 사용하기 때문이다.

 그러나 특정 기억을 상기할 때마다 모든 과정이 동일하게 흘러가진 않는다. 만일 그랬더라면 기억을 상기할 때마다 회상하는 게 아니라 과거에 있었던 일을 다시 경험하고 있다는 착각을 일으킬 테니 말이다. 덕분에 아무리 과거 일을 떠올려도 지금 머릿속에 그려지는 것은 그저 기억에 불과하며 지금 내가 있는 곳은 현재라는 걸 알 수 있다.

chapter 03

느리지만 지름길로, 후각 정보와 해마
냄새가 불러온 기억

"과자 부스러기가 섞여 있는 한 모금의 차가 입천장에 닿는 순간 (…) 갑자기 추억이 떠올랐다. (…) 내가 레오니 고모 방으로 아침 인사를 하러 가면 고모가 곧잘 홍차나 보리수 꽃을 달인 물에 적셔서 주던 조그만 마들렌의 맛이었다."

– 마르셀 프루스트 Marcel Proust
[잃어버린 시간을 찾아서 In Search of Lost Time] 중에서

    문득 어떤 냄새를 맡았을 때 또는 어떤 음식을 먹었을 때 불현듯 잊고 있던 기억이 되살아난 경험이 있는가? 그 경험은 우연이 아니라 사실 기억과 관련된 대뇌 피질 영역과 후각 정보와 관련된 대뇌 피질 영역은 서로 인접해있기 때문이다. 이 둘은 위치만 가까운 것이 아니라 기능적으로도 밀접하게 연관되어 있어서 냄새나 맛으로도 기억이 떠오르는 건 너무나 자연스러운 일이다. 이러한 현상을 **프루스트 현상** Proust phenomenon 이라고 한다.

감각 정보가 해마에 도달하기까지는 대뇌 피질의 여러 영역을 거치게 되는데, 이 과정에서 여러 감각 정보가 해석되고 조합되기도 한다. 그런데 이 영역들을 거치지 않고 곧바로 해마로 전달되는 감각이 있다. 바로 후각이다. 심지어 모든 감각 정보가 거친다는 최소한의 경로인 시상마저 뛰어넘고 직행한다. 사실 후각 신경의 축삭돌기는 절연체로 보호되어 있지도 않고 매우 가늘기 때문에 전기적 신호가 전송되는 속도가 극도로 느리다. 따라서 다른 기관을 거치지 않고 뇌에 직접 연결되는 게 얼마나 다행스러운지 모른다. 만약 다른 감각 정보 같이 모든 절차를 거치고 도달했더라면 냄새를 맡고 인식하기까지 꽤 오랜 시간을 기다려야만 했을 테니 말이다.

후각 피질은 감정을 자극하고 조절하는 데 중요한 역할을 하는 편도체와도 밀접하게 연결되어 있어 냄새를 맡고 기억을 떠올렸을 때 그와 연관된 감정을 유발시키기도 한다. 만약 어떤 냄새를 맡고 떠오른 기억이 유달리 강력하다거나 중요하게 느껴진다면 그건 그 기억들에 강렬한 감정이 담겨 있기 때문이다. 또한 후각 신경은 중추 신경계를 통틀어 코 내부의 후각 상피에 직접 노출되어 있는 유일한 뉴런이다. 이들은 10여 개가 넘는 냄새 물질을 즉시 인지할 수 있다.

하지만 냄새를 말로 설명하기란 어려운 일이다. 딸기 향을 한 번도 맡아본 적이 없는 사람에게 어떻게 딸기 향을 설명할 수 있을까? 과연 딸기 향을 처음으로 맡아본 사람이 이게 바로 딸기 향이구나 하고 바로 알아챌 수 있을 만큼 정확하게 설명해줄 수 있을까? 아마도 불가능할 것이다. 그러나 한 번 기억한 냄새는 절대로 잊혀지지 않는다. 그 이유는 후각 기억이 놀라울 만큼 안정적이기 때문이다.

잃어버린 기억
블랙아웃과 억압기억

블랙아웃^{blackout}은 과학적 용어는 아니지만 술을 너무 많이 마셔서 정신을 잃었을 때 흔히 사용하는 말이다. 정확히 말하면 술 때문에 뇌가 완전히 무능력해지는 바람에 더 이상 어떤 기억도 저장할 수 없는 상태가 되는 것이다. 다음 날 아무것도 기억할 수 없게 된다는 뜻이다.

블랙아웃은 알코올이라는 화합물 때문에 기억을 저장하지 않는 상태지만, 이미 저장된 기억을 꺼내지 못하도록 빗장을 걸어 잠그는 경우도 있다. 바로 **억압기억**^{repressed memory}이다. 억압기억은 트라우마, 즉 충격적인 일을 겪고 그 일을 잊기 위해 기억을 억압함으로써 더 이상 그 일을 떠올리지 못하는 것을 말한다. 아직까지도 학계에서는 이 억압기억이라는 게 실제로 존재하는지 논쟁 중이며 여전히 결론에 도달하지 못한 상태다. 그러나 일부 기억을 의식적으로 억압할 수 있다는 사실은 일반적으로 받아들여지고 있다.

2007년 미국의 콜로라도 대학의 연구팀은 피실험자들에게 일련의 불쾌한 이미지를 보여주는 실험을 통해 인간은 자신의 의지로 무언가를 기억하지 않으려고 함으로써 기억의 인출 과정을 중지시킬 수 있다고 결론지었다. 그러나 의식적이든 무의식적이든 기억을 억압한다는 건 일단 기억이 형성되어 있다는 뜻이다. 또한 트라우마가 될 정도의 경험은 대체로 기억에 각인되어 잊히기 쉽지 않다. 따라서 스스로는 그런 기억이 없다고 하지만, 여전히 일상에 영향을 끼치고 있다고 보는 견해도 있다.

오랫동안 억압기억의 존재 유무가 학계의 논란이 된 이유는 인간의 기억은 완전하지 않다고 보기 때문이다. 물론 정기적으로 접근하는 기억일수록 다른 기억들에 비해 정확하지만 인간의 기억은 컴퓨터 데이터처럼 고스란히 저장했다가 고스란히 꺼낼 수 있는 것이 아니다. 기억은 가장 중요한 부분으로만 구성된 **기억의 골격** memory skeleton 형태로 저장되기 때문이다. 대부분의 기억은 인출과 저장을 무수히 반복하고 나서야 장기기억에 영구적으로 자리를 잡는다. 이 과정에서 기억은 완전히 다른 모습이 될 수도 있다. 뉴런의 연결 강도가 변할 수도 있고 새로 받아들인 감각 정보와 주변 환경 또는 지식과 기대가 결합되어 변화를 야기할 수도 있다. 그러다 보면 완성된 기억은 처음 저장할 때의 골격에 그럴듯한 추측과 가정이 덧입혀진 상태일 확률이 높다.

이처럼 기억을 가공하는 과정에서 무수한 오류가 발생할 가능성이 있음에도 불구하고 뇌는 항상 기억의 골격에 살을 붙이고 싶어한다. 연구 결과 실제로 인간은 기억을 구성하고 인출하는 과정에서 기억의 빈틈을 채우기 위해 여러 가지 암시를 받아들인다는 사실이 드러났다. 이처럼 실제의 경험이 왜곡되거나 개조돼서 다르게 회상되는 것을 **오기억** false memory 이라고 한다. 오기억의 사례는 많지만 가장 흔하게 벌어지고 가장 논란이 되는 사례는 바로 목격자 증언이다. 목격자 진술은 유도 신문이나 매스컴 보도 등에 의해 무의식적으로 영향을 받을 수 있고 그 결과 이들의 증언 내용이 바뀔 수 있기 때문이다.

인생의 대부분을 오기억 연구에 바친 인지 심리학자 엘리자베스 로프터스 Elizabeth Loftus 는 우리가 어떤 상황을 떠올릴 때 그 상황을 묘사하는 단어의 선택이 기억에 얼마나 큰 영향을 미치는가를 증명하는 실험을 했다. 그녀는 피실험자를 두 개의 그룹으로 나누고 두 그룹 모두에게 똑같은 자동차 사고 영상을 보여주었다. 그리고 영상을 설명하면서 한쪽 그룹에는 자동차가 '박살났다'는 표현을 사용하고 다른 그룹에는 자동차가 '충돌했다'는 표현을 사용했다. 그 후 사고 영상에서 자동차의 창문이 깨진 것을 보았냐는 질문을 하자 '박살났다'는 표현을 들은 첫 번째 그룹에서 깨진 유리를 보았다고 보고하는 비율이 훨씬 높았다. 실제 사고 영상에는 깨진 유리가 없었는데도 말이다. 이 실험으로 로프터스는 자신의 눈으로 본 것을 기억하는 데도 외부에서 어떤 자극을 주느냐가 기억에 큰 영향을 미친다는 결론을 내렸다.

잃어버릴 기억
치매

깜박하는 일이 늘어나는 것은 노화의 자연스러운 과정이다. 뇌가 노화하면서 일부 뉴런의 연결이 소실되고 죽어가기 때문이다. 실제로 CT 영상에서도 나이가 들면서 뇌가 수축하는 것을 관찰할 수 있다. 기억을 담당하는 해마는 나이가 듦에 따라 가장 먼저 쇠퇴하는 영역 중에 하나이다.

신장의 기능이 떨어지면 '신부전', 심장의 기능이 떨어지면 '심부전', 간의 기능이 떨어지면 '간부전'이라 부르는데 무슨 이유에서인지 뇌의 기능이 떨어지면 치매 dementia 라는 용어를 사용한다. 치매를 뜻하는 dementia는 라틴어로, '정신이 나가다'라는 뜻이다. 물론 치매 환자의 상태를 꽤나 정확하게 표현하는 용어이기는 하나 뇌 기능이 떨어진다는 관점에선 '뇌부전'이라는 용어가 더 적합할 수 있다.

치매는 뇌 기능 전반에 걸쳐 장애가 확산되기 때문에 명확하게 구분 지어 설명하긴 어렵지만, 기능 장애의 원인에 따라 여러 개의 하위 그룹으로 나뉜다. 가장 보편적으로 알려진 알츠하이머병 alzheimer's disease 은 특정 단백질에 의해 뉴런이 손상되어 발생하는 질환으로, 해마 바로 옆에 있는 측두엽에서부터 시작되는 것으로 알려져 있다. 따라서 발병 초기 단계부터 단기기억이 영향을 받을 수밖에 없다. 초기에는 환자의 성격이나 유머 감각 등에 거의 변화가 없어서 알아채기 쉽지 않다. 그러나 점차 가스레인지 끄는 것을 잊어버리거나 마트에 장을 보러 가서 사야 할 것들을 잊어버리고 엉뚱한 것들을 사오는 등 사소한 것을 깜박하는 모습을 보인다. 처음에는 메모를 활용하는 식으로 보완할 수 있겠지만 결국 이 모든 것들이 소용없게 된다. 더 이상 일상생활이 어려울 정도로 기억하지 못하는 게 늘어나기 때문이다. 실제로 나의 증조 할머니께서도 알츠하이머병을 앓으셨는데, 손님들에게 성대한 식사 대접을 하려 몇 시간이나 음식을 준비한 뒤에야 아무도 초대하지 않았다는 걸 깨달았다고 한다. 이 시점에 이르러서야 환자는 병원을 찾게 된다.

치매를 진단받은 사람들의 좌절감은 말할 수 없이 크다. 특히 발병 초기에는 단기기억을 제외한 나머지 뇌 기능이 정상적으로 작동하기 때문에 자신의 머릿속에서 무언가가 잘못되어 가고 있다는 사실을 똑똑히 느낄 수 있어 더욱 그렇다. 그러나 장기기억에 저장된 정보는 손상되지 않은 채로 작업기억의 대부분을 상실하는 단계에 이르면 이들은 마치 어린아이가 된 것처럼 행동한다. 병이 진척됨에 따라 장기기억마저 점차 사라져버리고 성격도 바뀌고 유머 감각도 상실한다. 가족과 친구들은 자신들이 평생을 알고 지내온 사랑하는 사람이 점차 사라져 가는 것을 지켜보는 수밖에 없다.

다행히도 알츠하이머병의 미스터리를 풀 수 있는 몇 가지 중요한 실마리를 찾았다. 스탠포드 대학의 한 연구진은 나이든 쥐에게 젊은 쥐의 피를 수혈했을 때 해마에서 새로운 뉴런이 생성된다는 연구결과를 발표했다. 젊은 피에는 노화에 따른 기억 손실을 줄이는 어떤 인자가 포함되어 있을 수 있다는 가능성을 발견한 것이다. 이 연구 결과와 더불어 노화가 진행됨에 따라 왜 유해한 단백질이 축적되기 시작하는지도 알아낼 수 있다면 상용 가능한 치료법을 개발해 이 병의 진행을 막을 수 있을지도 모른다.

알츠하이머병 다음으로 흔한 치매는 혈관성 치매 vascular dementia 다. 이 질환은 혈관벽이 좁아져서 일과성 뇌허혈 발작 TAIs, Transient Ischemic Attacks , 일명 '미니 뇌졸중'을 일으키고 뇌세포에 산소 및 영양분의 공급이 중단되면서 발생한다. 따라서 혈관성 치매는 알츠하이머병과는 달리 점진적으로 진행되지 않는다. 오히려 뇌졸중이 발생한 시기와 부위에 따라 간헐적으로 발병한다. 다른 모든 혈관 질환이 그렇듯이 이 질환의 1차 위험요소는 건강하지 않은 식습관과 운동 부족이다. 그 밖에 발병 초기에는 기억 손상이 없다가 성격이 변하거나 환각 증세를 보이는 또 다른 유형의 치매도 있지만, 결국 기억도 점차 손상된다.

국제알츠하이머협회[ADI]가 발표한 자료에 따르면 2015년 현재 영국에만 85만명의 치매 환자가 보고되었으며 2030년에 이르면 2배로 늘어날 것이라고 전망한다. 그러나 아직까지 치매의 치료법은 존재하지 않는다. 그렇다면 치매를 예방할 수 있는 방법은 무엇일까? 인간의 힘으로 노화를 막을 수는 없겠지만 잘 훈련된 뇌는 알츠하이머병처럼 뇌의 기능적 쇠퇴에 대응할 수 있다. 나이가 들어서도 뇌를 활발히 사용한다면 기억 상실의 원인으로 꼽고 있는 단백질에 내성을 가지게 될 것이다. 뇌를 부지런히 사용한다고 해서 기능이 쇠퇴하는 것을 막을 수는 없겠지만 적어도 속도를 늦출 수는 있을 것이다. 특히나 혈관성 치매를 예방하는 방법은 더욱 간단하다. 건강한 식습관을 유지하며 육체와 뇌의 활동을 게을리하지 않는 것이다.

망각은 신의 축복이다
기억력의 한계

　기억은 우리가 더 나은 미래를 준비하는 데 도움을 주고, 가족과 친구 그리고 자기 자신을 인식하는 데 큰 역할을 한다. 장기기억에 저장되어 있는 기억 중 일부는 궁극적으로 일반적 지식 데이터베이스로 전환된다. 이렇게 전환된 기억은 더 이상 개별적으로 접근할 수는 없지만 이를 토대로 지식을 형성하게 된다. 많은 사람이 뛰어난 기억력을 가지길 바라는 것은 어쩌면 당연한 일일지도 모른다. 하지만 정말 뛰어난 기억력을 가지는 게 좋은 일이기만 할까?

　경험한 모든 것을 체에 거르듯 걸러서 앞으로 참고가 될 만한 중요한 사실들만 골라내 저장하고 나머지 대수롭지 않은 정보들은 폐기하는 것이 뇌의 역할이다. 다시 말해 기억은 우리가 매일매일 맞닥뜨리는 온갖 감각 정보들로 과부하가 걸리는 것을 막아주는 일종의 보호 장치인 셈이다. 덕분에 대다수의 사람이 보통 수준의 기억력을 가지고 있다. 당신 역시 보통 수준의 기억력을 가지고 있다면 그 사실에 감사해야 할 것이다.

극소수의 사람들은 자신에게 일어난 일들을 아주 사소한 것 하나도 잊어버리지 않고 기억할 수 있는 능력을 가지고 있다. 이 능력은 12벌이나 되는 카드 순서를 달달 외워 기네스북에 오른 암기왕이나 책을 한 번 읽는 것만으로 모든 내용을 읊는 서번트의 암기력과는 다르다. 이제 소개하려는 질 프라이스Jill Price라는 여성은 앞서 언급한 서번트 킴 픽도 견줄 수 없는 초특급 기억력을 가진 미국 여성이다.

세계 최초로 과잉기억증후군hyperthymesia을 진단받은 질 프라이스는 14살 이후 자신에게 일어난 모든 일을 완벽히 기억한다. 그녀에게 어떤 특정 날짜를 이야기하면 그날 날씨는 어땠는지, 자신은 무엇을 했는지, 저녁 식탁에는 무슨 음식이 올라왔었는지, 심지어는 그날 뉴스에 어떤 사건과 사고들이 나왔는지까지 기억해낼 수 있다. 자신에게 일어난 아주 작고 사소한 것까지 하나도 잊지 않고 모두 기억하고 있는 것이다. 그녀에게 과거의 기억은 영원히 끝나지 않고 상영 중인 영화와 같았다. 마치 두 개의 스크린에 과거와 현재가 동시에 상영되고 있는 것처럼 그녀는 과거와 현재라는 두 개의 삶을 동시에 살아야 했다. 사람들은 그녀의 비범한 기억력을 축복이라고 하지만 정작 자신은 이 능력이 버거운 짐이라고 말한다. 좋았던 기억뿐만 아니라 고통스러웠던 기억도 잊히거나 희미해지지 않고 매일 되풀이 되기 때문이다.

  그러므로 망각할 수 있음에 감사하라. 과거의 모든 기억이 영상처럼 정확하고 자세할 필요는 없다. 과거의 기억은 그 기억을 토대로 앞으로 더 좋은 결정을 내리기 위한 정도면 충분하다. 사실 과거의 실수를 반복하지 않는 데는 기억의 공로가 가장 크다. 어떻게 보면 기억은 뇌의 가장 중요한 기능인 셈이다.

chapter 03

당신의 경험이 저장되는 과정 — **기억력과 학습**

내 머릿속 내비게이션
- 뇌 GPS

chapter
04

지금은 길을 찾기 위해 구글맵이나 지도 앱을 켜면 현재 위치부터 목적지까지 가는 경로를 단번에 안내해주지만, 아주 오래전에는 그렇지 않았다. 우선 꾸깃꾸깃 접은 커다란 종이 지도를 펼친 다음 지금 자신이 있는 곳이 어딘지 찾기 위해 주변에 있는 높은 산봉우리나 교회 같은 주요 지형지물을 찾아야 했다. 지도 위에 나의 현재 위치가 빨간 점으로 나타났더라면 얼마나 편했을까? 그러나 사실 우리 뇌에도 이와 비슷한 기능이 존재한다. 일명 뇌 GPS다.

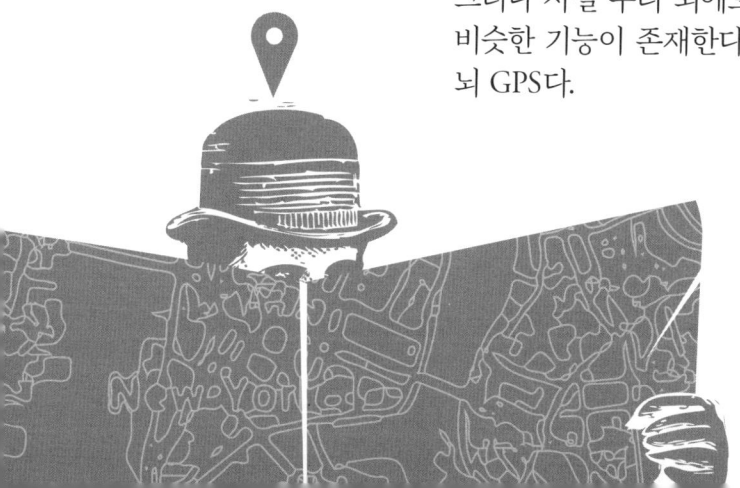

내 머릿속 '현재 내 위치'
장소 세포

지금은 길을 찾기 위해 구글맵이나 지도 앱을 켜면 현재 위치부터 목적지까지 가는 경로를 단번에 안내해주지만, 아주 오래전에는 그렇지 않았다. 우선 꾸깃꾸깃 접은 커다란 종이 지도를 펼친 다음 지금 자신이 있는 곳이 어딘지 찾기 위해 주변에 있는 높은 산봉우리나 교회 같은 주요 지형지물을 찾아야 했다. 지도 위에 나의 현재 위치가 빨간 점으로 나타났더라면 얼마나 편했을까? 그러나 사실 우리 뇌에도 이와 비슷한 기능이 존재한다. 일명 뇌의 '현재 내 위치' 표식이다.

미국계 영국인 존 오키프 교수 John O'Keefe는 해마의 신경 활동을 측정하고 신호를 전달하는 모자를 쥐에게 씌운 후 쥐의 움직임과 신호를 관찰했다. 그 결과 쥐가 특정한 장소에 도달할 때마다 뉴런이 강력한 신호를 보낸다는 사실을 발견했다. 이 뉴런은 특정 장소를 벗어나면 활성화되지 않았고 반드시 그 장소에서만 활성화되는 놀라운 패턴을 보였다. 이것이 바로 뇌 속에서 현재 내 위치를 알려주는 **장소**

세포place cell다.

 장소 세포와 공간 감각은 기억과 밀접하게 연관되어 있다. 실제로 대부분의 기억은 특정 장소와 연결되어 있다. 이후 연구에 따르면 장소 세포는 나의 현재 위치에 대한 정보뿐만 아니라 지리적 위치와 연관된 기억 정보도 제공한다. 어릴 때 놀이터에서 흙장난을 할 때의 기억을 떠올리면 당시 신호를 보내던 장소세포가 지금 이 순간에도 신호를 보낸다. 다시 말해 그때 그 기억을 떠올릴 때마다 몸은 어디에 있든 정신적으로는 어린 시절 그 놀이터로 되돌아가는 것이다.

▲ 장소 세포는 특정 위치에 도달했을 때 신호를 보낸다.

내 머릿속 '거리 측정기'
격자 세포

쥐 한 마리가 우리 안을 신나게 돌아다니다 초콜릿 쿠키를 발견하고 얼른 집어 입안에 넣는다. 먹다 보니 또 저편에서 쿠키가 보인다. 초콜릿 쿠키를 향해 부리나케 달려가는 쥐의 머리에는 전선이 달린 모자가 씌였다. 이 전선은 사실 쥐의 측두엽에 있는 특정 뉴런이 보내는 모든 신호를 기록하고 있다. 일정한 간격을 두고 쥐가 있는 우리 안에 초콜릿 쿠키를 넣어주는 연구원이 이 신호를 지켜보고 있다.

처음에는 뉴런이 무작위로 신호를 보내는 것처럼 보이지만 뉴런이 신호를 보내는 순간에 쥐가 있던 곳을 좌표에 그려보자 놀랍게도 기하학적으로 완벽한 정육각형이 좌우, 위아래로 연결된 패턴이 드러났다. 오랫동안 게임 개발자들은 가상세계를 만들 때 사각형 그리드보다는 안정성이 뛰어난 육각형 그리드를 선호해왔다. 이 사실을 뇌의 진화 단계로 치면 수백만 년이나 뒤떨어진 쥐의 뇌세포도 이미 알고 있었던 것이다.

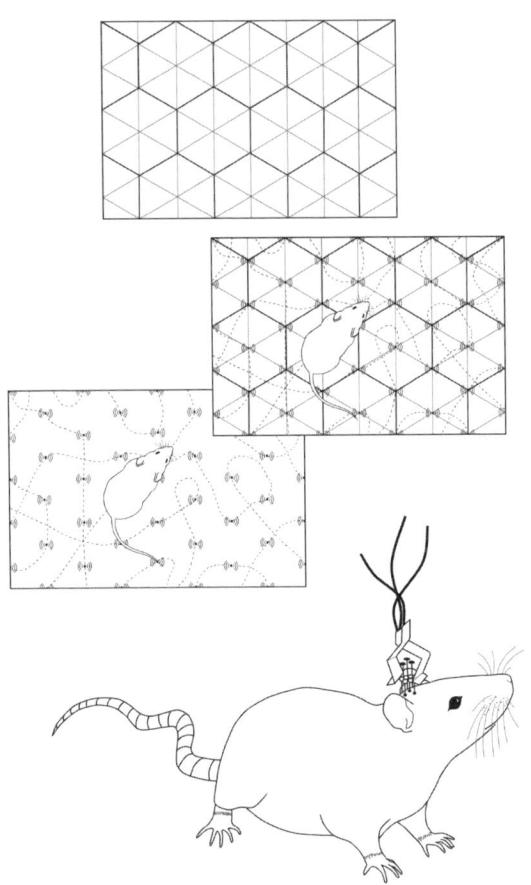

▲ 뉴런이 신호를 보내던 위치를 연결하면 완벽한 육각형 패턴이 나타난다.

쥐의 이동 패턴으로 드러난 이 획기적인 발견은 2005년 노르웨이의 신경과학자 마이-브릿트 모세르$^{May-Britt\ Moser}$와 에드바르 모세르$^{Edvard\ Moser}$ 부부 연구팀에 의해 이루어졌다. 이들은 육각형의 패턴을 만들어내는 뉴런을 **격자 세포**$^{grid\ cell}$라고 불렀다. 격자 세포는 육각형 패턴으로 거리를 측정하면서 뇌 안에 일정한 좌표를 생성하는 역할을 한다. 쉽게 말하면 우리가 늘 가던 길목에서 벗어나 낯선 골목으로 들어서더라도 내 위치가 어디쯤인지 짐작할 수 있는 것이 바로 이 격자 세포 덕분이다.

지금까지의 격자 세포와 장소 세포에 대한 연구는 모두 쥐를 대상으로 한 연구였다. 그러나 진화론적 견지에서 볼 때 해마가 포유류의 대뇌 피질 중 가장 오래된 기관임을 감안한다면, 사람에게 적용해도 유사한 결과를 얻을 수 있을 것이다. 게다가 뛰어난 방향감각은 쥐뿐만 아니라 인간에게도 매우 유용하므로 유사한 기능을 가지고 있을 확률이 높다. 실제로 H. M.은 해마와 더불어 해마와 인접한 피질의 일부를 제거하는 수술을 받으면서 장소세포와 격자 세포를 모두 잃었다. 수술 직후 담당 의사와 간호사의 얼굴도 알아볼 수 없었을 뿐만 아니라 화장실 가는 길도 찾을 수 없었다.

내 머릿속 '나침반'과 '장애물 감지 센서'
HD 세포와 경계 세포

머리 방향 인지 세포, 일명 **HD 세포**head direction cell는 머리를 특정 방향으로 향할 때마다 신호를 보내는 뉴런이다. HD 세포는 해마뿐만 아니라 피질의 다른 영역은 물론이고 시상과 기저핵에서도 발견되는 세포로, 여러 면에서 나침반과 비슷하다. 다만 나침반은 지구자기장과 연결되어 동서남북 방위를 알려주는 반면 HD 세포는 내이inner ear에 있는 평형 감각과 연결되어 원하는 방향으로 머리를 돌릴 때 활성화된다.

HD 세포는 물구나무를 서든 눈을 감든 머리만 특정 방향으로 돌린다면 언제든 활성화된다. 단, 오랫동안 눈을 감고 있으면 신호의 정확도가 떨어지지만 말이다. 또한 쥐를 대상으로 한 연구 결과, 조명을 반복적으로 껐다 켰다 하면 방향감각을 상실하고 HD 세포 시스템이 일시적으로 붕괴된다. 또 1-2분 간격으로 계속 새로운 환경으로 옮겨도 방향 감각 기능을 상실하는 모습을 보였다. 이럴 경우 HD 세포는 무작위로 신호를 보낸다. 아마 유독 길눈이 어두워

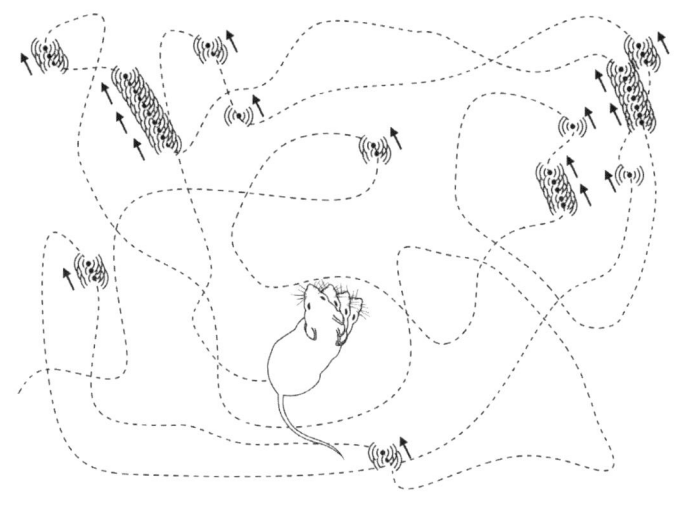

▲ HD 세포는 이동 방향과 상관없이 머리가 특정 방향을 향할 때 신호를 보낸다.

고통받는 이들의 HD 세포가 이 상태가 아닐까.

해마와 인접한 피질에는 벽이나 울타리 같은 경계에 도달했을 때 신호를 보내는 세포 그룹이 존재하는데 이를 **경계 세포**border cell라고 한다. 경계 세포는 반드시 그 경계 바로 앞에 서야만 신호를 보낸다. 즉, 벽이나 울타리를 넓히면 그 경계에 도달할 때까지 경계 세포는 활성화되지 않는다. 또 벽이 왼쪽에 있을 때 신호를 보내는 특정 경계 세포가 있고 벽이 오른쪽에 있을 때 신호를 보내는 특정 경계 세포가 있다. 경계 세포는 장소 세포와 격자 세포에게 어디에 집중해야 할지를 알려주는 중요한 역할을 수행한다.

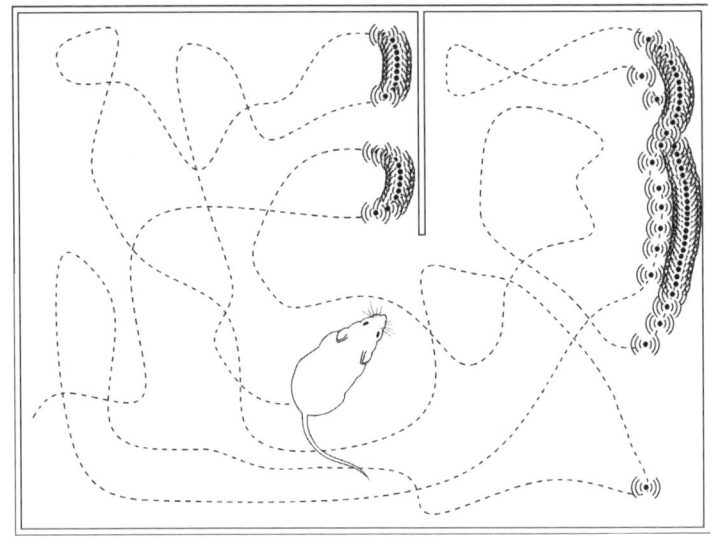

▲ 경계 세포는 경로를 가로막는 모든 벽을 경계로 인지한다.

내 머릿속 '속도 감지기'
속도 세포

1960년대 방영한 애니메이션 〈고인돌 가족 플린스톤The Flintstones〉의 주인공 플린스톤은 모터도 없고 바퀴도 돌아가지 않는 차를 가지고 있다. 쉽게 말하면 모양은 차 모양이지만 아래가 뚫려 있어 이 차를 움직이려면 자신의 두 다리로 열심히 뛰어야 한다. 격자 세포를 발견한 모세르 부부가 이번에 쥐에게 선물한 것은 바로 이 플린스톤의 차였다. 쥐는 이 차에 올라 4m 길이의 트랙 끝에 있는 초콜릿을 향해 달린다. 쥐가 낼 수 있는 최고 속도는 약 50cm/s 정도지만 바퀴의 마찰력을 조정하여 속도를 7, 14, 21, 28cm/s으로 제한했다. 이 실험의 목적은 쥐가 초콜릿을 향해 달리는 동안 수백 개에 달하는 뉴런의 활동을 측정해 분석하는 것이었다. 그 결과 모세르 부부는 **속도 세포**speed cell의 존재를 발견할 수 있었다. 다시 말해, 쥐가 달리는 속도에 따라 신호를 보내는 뉴런이 존재했던 것이다.

　속도 세포는 주요 지형지물이 있든 없든 상관없이 신호를 보냈으며 장소 세포와 달리 시각적 자극에도 영향을 받

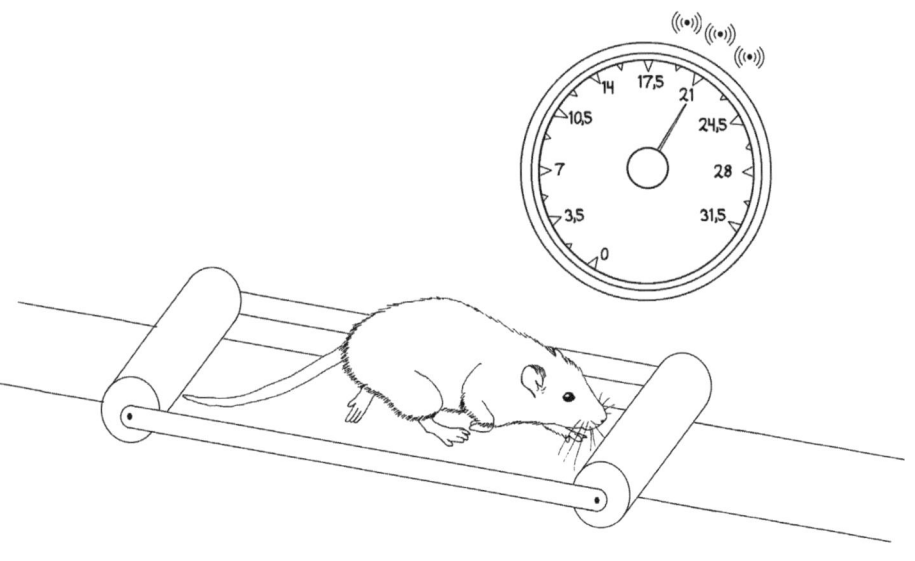

▲ 속도 세포는 특정 속도에 따라 신호를 보낸다.

지 않았다. 오로지 이동하는 속도에만 활성화되었다. 흥미로운 점은 속도 제약 없이 달리게 하면 속도 세포는 지금 달리는 속도보다 이 속도로 달렸을 때 앞으로 낼 수 있는 속도에 더 명확한 신호를 보낸다는 것이다.

내 머리 밖 정보 수집가
감각 정보

    지금까지 살펴본 내 머릿속 GPS 세포들이 협업을 하면 이런 구도가 될 것이다. 먼저 HD 세포가 격자 세포에게 내가 움직이는 방향을 알려주고 속도 세포는 내가 달릴 혹은 달리게 될 속도를 알려준다. 격자 세포가 이 정보들을 받아서 지도를 그리면 경계 세포는 이동할 수 있는 반경을 알려주기 위해 경계선을 표시하고, 장소 세포는 경계 안에서 현재 내 위치를 알려준다. 이렇게 뉴런들이 각자 맡은 역할을 척척 해내면서 머릿속 GPS를 완성하는 것이다.

    하지만 이외에도 필요한 것들이 있다. 먼저 지형지물을 인식하려면 후두엽으로부터 시각 정보를 제공받아야 한다. 또한 땅에 디딘 발을 인식하는 촉각 정보와 몸의 움직임을 감지하고 인식하는 정보, 팔다리 위치 정보 등이 시시각각 제공되어야 한다. 이런 정보들을 처리하는 데는 두정엽과 소뇌가 중요한 역할을 한다. 시각, 촉각, 운동 감각 등 모든 감각 정보를 조합하여야만 비로소 효율적으로 자신의 위치를 파악하고 길을 찾을 수 있다.

훈련으로 머릿속 GPS를 업그레이드할 수 있을까?
세상 모든 길치에게 희망을

머릿속 GPS를 구성하는 대부분의 세포들이 해마 또는 해마와 인접한 곳에서 발견되었다. 그렇다면 해마를 훈련시키면 머릿속 GPS를 업그레이드시킬 수 있을까? 집 밖을 나서는 순간 고통받는 전 세계 모든 길치에게도 희망이 있을까?

런던대학교 연구진은 이를 확인할 완벽한 피실험자군을 찾아냈다. 바로 런던의 택시 기사다. 런던 거리는 뉴욕이나 파리처럼 도시계획에 맞춰 잘 설계된 거리가 아니기 때문에 런던의 택시 기사들은 25,000개에 달하는 도로가 미로처럼 복잡하게 얽혀 있는 길을 모두 외우고 있어야 함은 물론이고 그 안에 있는 수천 개의 관광명소와 주요 건물들의 위치도 기억하고 있어야 한다. 대부분의 택시 기사 교육생들은 이 거대하고 뒤죽박죽인 도시의 지리를 습득하는 데만 2~4년을 보낸다. 이 정도의 훈련을 받고 나서야 택시 기사 자격시험에 응시할 수 있는데 그마저도 합격률이 50% 정도밖에 되지 않는다고 한다.

런던대학교 연구진은 이 택시 기사 그룹과 지능 지수가 비슷한 일반인들의 뇌를 스캔하여 택시 기사 그룹의 해마 크기가 일반인보다 훨씬 크다는 사실을 발견했다. 그렇다면 또 한가지 의문점이 생길 것이다. 원래 해마가 큰 사람이 택시 기사 시험에 합격한 걸까, 택시 기사로서 다년간 훈련을 하고 런던 거리를 누비면서 해마가 커진 걸까? 이 의문을 해소하기 위해 진행된 추가 실험에서 이제 막 택시를 운전하기 시작한 택시 기사의 해마와 오랜 경력을 가진 택시 기사의 해마를 비교해보았더니 경력이 오래된 택시 기사의 해마가 훨씬 큰 것으로 나타났다. 그 후 연구진은 택시 기사 교육생일 때부터 자격시험에 통과하는 순간까지 주기적으로 뇌를 스캔해보았다. 그 결과 자격시험을 통과한 교육생들의 해마가 교육과정 동안 점점 커지는 것을 관찰할 수 있었다. 아마도 새로운 뉴런들이 생성되면서 신경망이 확장되는 것으로 추정하고 있다.

해마는 뉴런이 새로 생성되는 몇 안 되는 기관 중 하나다. 그러므로 런던 택시 기사의 뇌 연구 결과는 경험이 뇌에 미치는 물리적 영향력을 보여주는 좋은 예시다. 만약 런던의 택시 기사들이 내비게이션에 목적지를 입력하고 내비게이션의 안내에 따라 운전했다면 해마는 커지지 않았을 것이다. 그 말은 어딘가로 이동할 때 GPS 장비를 사용하는 것보다 직접 지형지물을 활용해 자신의 위치를 파악하고 머릿속에 지도를 그려가며 길을 찾을 때 훨씬 능동적으로 뇌를 쓴다는 뜻이다.

앞서도 언급했듯이 신경망은 사용하지 않으면 쇠퇴한다. 점점 뉴런 간 신호 연결이 약해지면서 '숙달'하지 못하는 것이다. 200m 직진 후 우회전을 하라는 내비게이션의 안내에 따라 반사적으로 운전하는 동안 해마에 있는 신경망은 전혀 사용하지 않게 되고 내비게이션 화면에 집중하느라 지나쳐가는 아름다운 성당 같은 건축물이나 만개한 벚꽃 나무가 늘어선 풍경을 감상할 기회도 잃는 셈이다. 내비게이션 화면에 나오는 지도 크기가 작은 것도 문제다. 현재 위치와 목적지를 한눈에 볼 수 없기 때문에 머릿속으로 지도를 그리는 일은 당연히 하지 못한다. 만약 두뇌를 훈련하고 싶다면 오롯이 내 감각 정보와 머릿속 GPS를 활용해서 길을 찾는 것이 훨씬 효과적이다.

그 효과가 어느 정도인지는 일본에서 진행한 한 실험을 예로 들 수 있다. 실험 방식은 간단했다. 피실험자들을 세 그룹으로 나눈 뒤 목적지를 알려주고 거기까지 걸어서 도착할 것을 요청했다. 다만 첫 번째 그룹에게는 내비게이션 앱이 있는 휴대폰이 주어졌고 두 번째 그룹에게는 종이 지도가 주어졌다. 세 번째 그룹에게는 찾아가는 길을 말로만 설명해주었다. 그리고 이들이 목적지에 도달한 후 걸어온 경로를 지도로 그려달라고 요청했다. 지도를 그리는 데 제일 어려움을 겪은 그룹이 첫 번째 그룹이라는 사실은 그리 놀랍지 않을 것이다. 지도 없이 말만 듣고 길을 찾아온 세 번째 그룹이 가장 지도를 자세하게 그렸다는 것도 어느 정도 예상했을 것이다. 다만, 놀라운 것은 내비게이션을 보면서 길을 찾은 첫 번째 그룹이 다른 두 그룹에 비해 가장 먼 경로를 선택했으며 도중에 가장 많이 멈칫거렸다는 것은 흥미로운 사실이다.

    결론적으로 GPS 장비들이 시간을 절약해줄 수는 있겠지만, 장기적으로는 우리 머릿속에도 있는 성능이 뛰어난 GPS의 기능을 약화시킨다는 것이다. 캐나다 맥길 대학의 베로니크 보봇$^{Veronique\ Bohbot}$ 박사는 우리가 머릿속 GPS를 얼마나 활용하느냐가 장기적으로는 해마의 기능과 크기에 꽤 높은 영향을 미친다고 주장했다. GPS 장비에 의존도가 높아지면 뇌, 그중에서도 특히 해마를 적극적으로 사용하지 않게 되기 때문에 훗날 알츠하이머병 같은 뇌 기능 장애 질환에 걸릴 위험이 높아진다는 것이다. 알츠하이머병 초기 증세 중 하나는 해마의 뉴런들이 손상되어 장소에 대한 기억을 상실하는 것이다. 그러나 꾸준히 훈련한 건강한 해마라면 이러한 손상을 견뎌내는 내구력이 좋아서 눈에 띄는 심각한 증상이 드러나기까지 시간이 걸린다. 위험한 상태에 도달하기까지 시간을 늦출 수 있다.

따라서 여러 연구 결과에서도 보았듯이 인공위성 GPS 시스템 못지않은 당신의 머릿속 GPS를 잘 활용한다면 많은 사람이 바라는 뛰어난 기억력과 놀라운 방향 감각, 심지어 여러 뇌 질병까지 예방할 수 있다.

chapter 04

내 머릿속 내비게이션 – 뇌 GPS

사랑은 신경전달물질을 타고
- 감정

사랑에 빠지면 뇌는
신경전달물질들을 방출하여
심장 박동을 빠르게 하고 당신의
어깨 위에 놓인 연인의 손에 온
신경을 집중하게 한다. 그러나
사랑이라는 감정은 두근거리는
심장이나 상대의 손이 닿는 곳의
감각에 존재하는 것이 아니다.
바로 뇌에 존재하는 것이다.
다른 모든 감정도 마찬가지다.

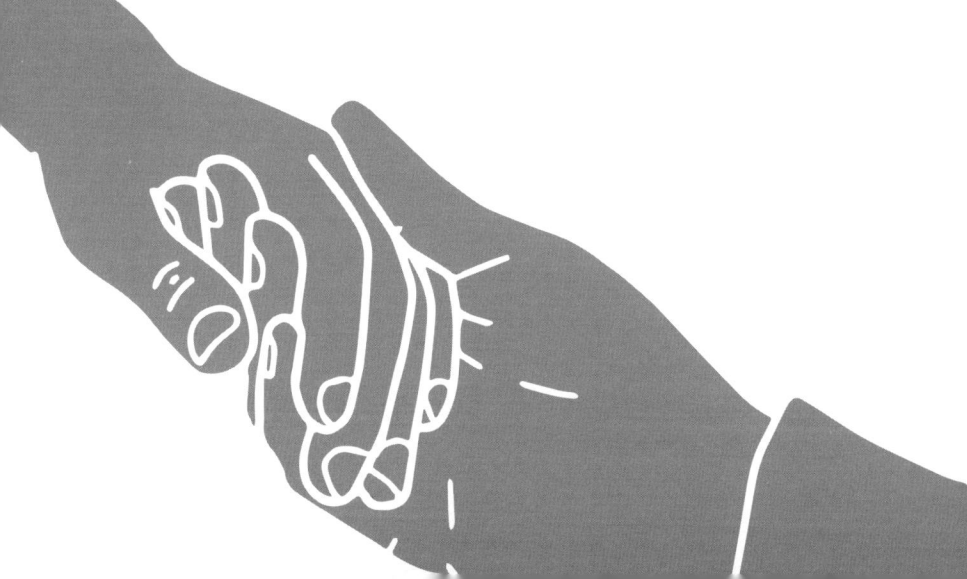

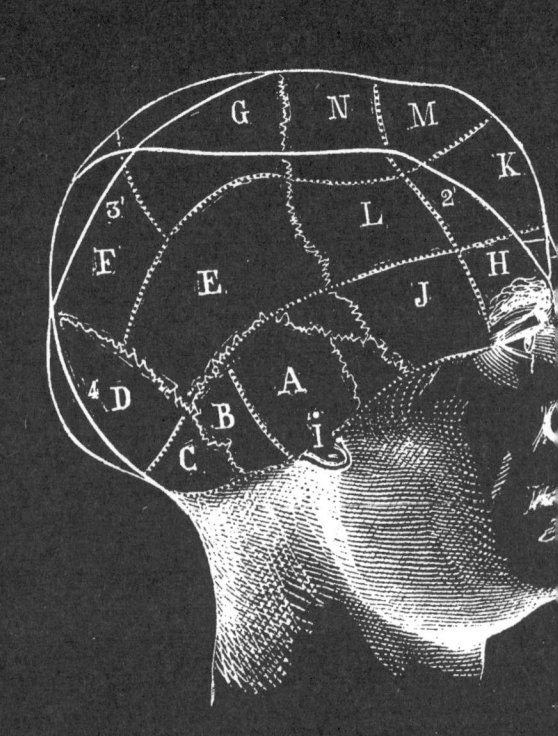

감정 필터링의 힘
또 대뇌 피질

행복, 사랑, 실망, 분노 등 인간에게 감정이 없다면 삶은 얼마나 지루할까? 행복, 사랑… 글자만 봐도 마음이 평온해지는 감정으로만 가득하면 좋겠지만 실망, 분노, 당황 등 부정적인 감정 또한 우리와 떼놓을 수 없는 것이다. 그러나 사실 성인이 되고 목청껏 소리를 지를 만한 상황은 많지 않다. 아이가 부엌 바닥에 밀가루를 엎질러도 소리를 지르는 대신 심호흡을 크게 하고 열까지 천천히 센 후 열심히 바닥을 치워야 한다.

많은 사람이 하루 일과 중 대부분을 이런 식으로 자신의 감정을 억제하며 보낸다. 그럼에도 감정을 주체하지 못해 밖으로 반응이 새어나가는 경우가 사실 대부분이다. 감정이 격해지면 해선 안 될 말이 입 밖으로 튀어나올 수도 있고, 주먹을 휘두를 수도 있고, 멋지게 준비한 발표문도 까맣게 잊어버리고 울먹이며 제대로 된 말 한마디 하지 못할 수도 있다. 어떤 당혹스러운 상황이 벌어져도 차분하고 이성적으로 대응하던 상상 속 내 모습은 온데간데 없이 사라져버리고 동공지진과 뻣뻣하게 굳은 몸만 있을 뿐이다.

누구나 자신의 감정을 잘 통제할 수 있기를 바란다. 누구나 어떤 상황에서든 차분하게 할 말을 다 하는 여유 있는 모습을 보여주고 싶어 하지, 당황할 때마다 얼굴이 빨개진다거나 말을 더듬고 싶어 하진 않는다. 이유는 간단하다. 프로처럼 보이지 않기 때문이다. 그러나 자신이 원치 않아도 감정이 제멋대로 내 몸을 지배하는 것 같은 느낌이 들 때가 있다. 특히 격한 감정은 뇌가 우리 몸을 보호하기 위해 보이는 즉각적인 반응이기 때문이다.

감정을 표현하는 데는 두 가지 경로가 있다. 하나는 외부에서 수집한 감정 정보가 대뇌 피질을 거쳐가는 것이다. 이 과정에서 대뇌 피질은 뇌에서 감정을 담당하는 영역을 논리적으로 설득하여 감정을 조절할 수 있다. 예컨대 풀숲에 숨은 뱀을 발견하고 두려움을 느끼려는 순간 대뇌 피질이 어디선가 습득한 정보를 되살리며 "이 뱀은 머리가 둥글어. 머리가 둥근 뱀은 독이 없는 종이야. 무서워할 필요 없어."라고 뇌를 설득하는 것이다.

감정을 표현하는 또 다른 경로는 감정 정보가 대뇌 피질을 거치지 않고 바로 입력되는 경우다. 뱀을 발견했다는 시각 정보가 대뇌 피질을 거치지 않고 바로 입력되면 대뇌 피질이 진정하라는 필터링 역할을 해주지 못하기 때문에 이

성적으로는 위험한 상황이 아닌 걸 알면서도 몸은 곧 죽을 것처럼 반응한다. 유달리 뱀을 두려워하는 사람이라면 파충류 전시관의 튼튼한 유리창도 소용이 없을 것이다. 저 뱀이 나를 해칠 수 없다고 스스로를 안심시켜보려 해도 뱀을 보는 순간 뇌가 온 몸에 최고 수준의 경계 경보를 보내고 대뇌 피질은 이성적으로 호소할 기회마저 빼앗긴 채 허겁지겁 전시관을 빠져나가게 될 것이다.

시각, 청각, 후각 등 감각 정보들이 어떤 경로를 선택할지는 사람에 따라 다르다. 누군가는 튼튼한 고층 빌딩 안에서 창밖을 내다보는 것도 두려워하는 반면, 누군가는 안전 장치만 확실하다면 스카이다이빙이나 번지 점프를 하는 데도 큰 어려움을 느끼지 못한다. 만약 고층 빌딩에서 떨어질 뻔한 경험이 있는 사람이면 그 공포는 더욱 극대화 될 것이다. 그렇다고 해서 이 두려움을 평생 안고 살아야 한다는 것은 아니다. 공포가 고삐 풀린 망아지처럼 날뛰기 전에 대뇌 피질이 주도권을 잡게 만드는 법을 익힐 수 있다.

물론 대뇌 피질이 항상 당신을 진정시키고 침착하게 달래는 역할만 하는 것은 아니다. 때로는 위험한 낌새가 느껴지는 낯선 사람을 보면 가까이 가지 말라며 본능적인 경고를 보내기도 한다. 그러나 대부분 감정적인 반응을 분출하기 전에 대뇌 피질에게 소견을 묻는다. 덕분에 친구에게 아무리 화가 나도 친구의 가정사를 들먹이며 상처주는 말을 한다거나, 좋아하는 이성 앞에서 눈물 콧물 다 흘리며 열렬한 사랑 고백을 한 뒤 이불을 차는 사태를 막아준다.

대뇌 피질이 결정을 내리면 몸의 호르몬과 자율신경계autonomic nervous system는 그 결정을 따른다. 자율신경계는 신체 반응을 촉진시키는 **교감신경계**sympathetic nervous system와 이를 억제시키는 **부교감신경계**parasympathetic nervous system로 구성되어 있다. 교감신경은 처음으로 반 친구들 앞에 서서 자기 소개를 할 때 긴장감으로 손을 떨게 하고 어려운 질문을 받으면 손에 땀이 나게 한다. 그리고 위기 상황에서 신속하게 반응하게도 한다. 위기 상황이 닥치면 온 몸 구석구석 근육으로 피를 보내서 싸우거나 도망칠 준비를 시킨다. 그리고 상황이 종료되면 부교감신경이 나서서 진정시킨다. 요동치던 심박수를 정상으로 돌려놓고 가쁘게 몰아 쉬던 호흡을 진정시킨다. 근육으로 보냈던 피를 다시 원래 위치로 보내 음식을 소화시키는 등의 일상적인 일을 하도록 한다.

교감신경이 없다면 추운 겨울날 빙판길에서 미끄러지지 않도록 한 발 한 발 조심스럽게 내딛는 주의집중력을 발휘할 수 없을 것이고 부교감신경이 없다면 안전하게 집으로 돌아온 후에도 긴장의 끈을 놓지 못해 복통을 일으킬 수도 있다.

 물론 신체와 신체반응을 통제하는 것은 뇌다. 대뇌 피질은 대부분 상황에서 지금 느끼고 있는 감정이 무엇인지 정확히 알고 있다. 그러나 반대로 생리적인 자극이 먼저 주어지면 뇌는 감정을 어떻게 해석할까? 이에 관한 실험이 미국의 한 연구팀에 의해 진행되었다. 이들은 먼저 실험 참가자를 모집한 후 모두에게 아드레날린^{adrenaline}을 투여했다(아드레날린은 부신수질에서 분비되는 호르몬으로, 스트레스를 받을 때 또는 흥분할 때 근육을 자극하는 역할을 한다). 그런 다음 참가자들을 두 그룹으로 나눈 뒤 첫 번째 그룹에는 아드레날린의 영향으로 심장이 두근거리거나 호흡이 가빠질 수 있다고 사전에 알려 주었다. 다시 말해, 이 그룹은 아드레날린 투여 후 겪게 될 신체적 변화를 아는 상태였다. 이후 이 그룹에서 아드레날린 투여 후 감정의 변화를 느꼈다고 보고한 참가자는 없었다.

 두 번째 그룹에는 아드레날린의 투여로 겪게 될 반응에 대해 아무런 설명도 해주지 않았다. 그러자 실험 참가자들은 왜 갑자기 자신의 심박수가 빨라지고 손에서 땀이 나기 시작하는지 논리적인 이유를 찾기 시작했다. 옆 사람이 다리를 떠는 게 거슬렸다거나, 지금 있는 공간이 답답하다거나, 안 좋은 기억이 났다거나 등 여러 가지 이유가 있었지

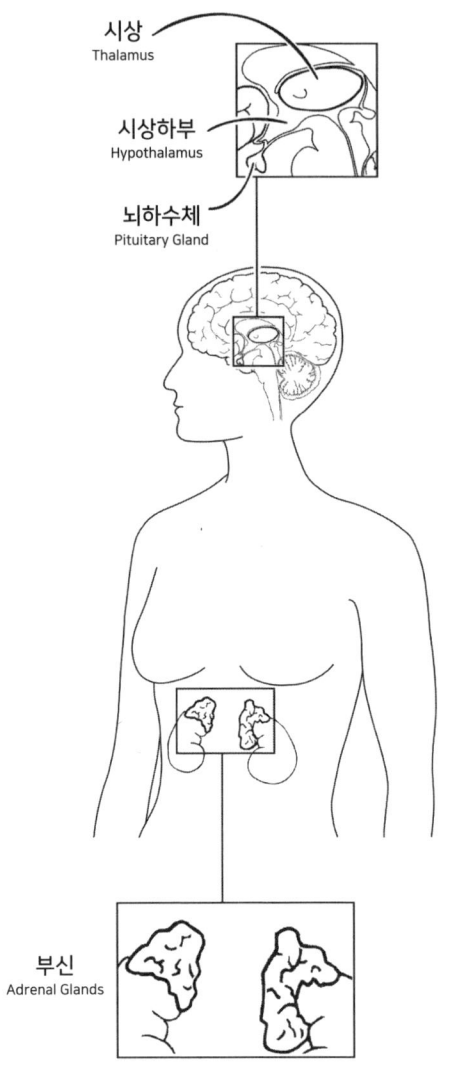

▲ 뇌에서 분비된 호르몬은 부신을 자극하여 스트레스 호르몬을 혈액으로 방출한다.

만, 사실 뇌가 신체적 반응을 설명할 수 있는 가장 논리적인 원인을 찾아낸 것일 뿐이다.

결론적으로 외부에서 감각 정보를 수집하고 뇌가 생리적 흥분을 일으킨 것이 아니라, 반대로 신경전달물질이 생리적 흥분을 일으키면 뇌가 지금 경험하고 있는 감정이 무엇인지 결정하려 애씀으로써 감정의 변화를 일으킬 수 있다는 것이다. 다시 말해, 인간이 분노나 행복을 느끼는 것은 엄연히 말하면 호르몬 때문이 아니라 대뇌 피질이 자신이 처한 상황을 분석한 후 '내가 느끼는 감정은 이것이다'라고 해석했기 때문이라는 뜻이다. 숭고한 감정의 대명사인 사랑이라는 감정도 마찬가지다. 사랑에 빠지면 뇌는 신경전달물질들을 방출하여 심장 박동을 빠르게 하고 내 어깨 위에 놓인 연인의 손에 온 신경을 집중하게 한다. 그러나 사랑이라는 감정은 사실 두근거리는 심장이나 어깨 감각에 존재하는 것이 아니다. 바로 뇌에 존재하는 것이다. 다른 모든 감정도 마찬가지다.

하지만 때로는 감정이 대뇌 피질을 들르지 않고 즉각 반응한다는 사실에 감사해야 할 상황도 있다. 자동차가 경사로에서 당신을 향해 미끄러져 내려오는 긴박한 순간에 이게 도대체 무슨 일인지, 누가 차를 운전하고 있는지, 손에 들린 새로 산 가방을 던지고 굴러야 할지, 안고 굴러야 할지 고민할 시간이 없다. 이런 상황에서는 무조건 재빠르게 몸을 던지는 편이 목숨을 건지는 데 도움이 될 테니 말이다.

결국 정신은 육체의 작용이다. 감정이 뇌 속의 다양한 화학물질에 의해서 조절되기 때문이다. 일례로 누군가의 행동이 매우 친절하고 관대하다고 느꼈다면 당신은 지금 도파민, 세로토닌 그리고 옥시토신의 향연을 경험하고 있는 것일 뿐이다. 이 세 가지 신경전달물질은 우리의 기분을 좋게 만들고 후에도 동일한 감정을 느낄 수 있게 만든다.

이 외에도 수많은 화학물질들이 우리 몸에서 종횡무진 활약 중이다. 어떤 화학물질은 뉴런의 일대일 소통을 돕고, 또 다른 화학물질은 특정 영역에서 수많은 뉴런에 동시에 작용한다. 이렇게 다양한 화학물질이 신경전달물질로서 조화를 이뤄 작용한 덕분에 뇌는 지금 상황에 맞게 감정과 분위기 심지어 느끼는 감정의 강도까지 조절할 수 있다.

사랑을 먹고 자라는 뇌
부모의 사랑이 아이에게 미치는 영향

사랑에 빠지면 심장박동이 빨라지고 목소리가 떨린다. 첫 데이트를 앞두고 있다면 긴장감으로 안절부절못하며 화장실을 수십 번 들락날락할 수도 있다. 이 모든 신체 반응은 뇌가 몸에 보낸 신호 때문이다. 아직 뇌가 어떻게 사랑에 빠지는지 명확하게 밝혀진 바는 없다. 그러나 적어도 매우 복잡한 감정이라는 것은 알고 있다. 사랑은 편도체의 활성화만으로도 불러일으키는 불안과 분노 같은 감정과는 다르다. 사랑하는 사람들의 사진을 보여주면서 뇌를 MRI로 촬영해보면 대뇌 피질의 뇌섬엽과 보다 원시적인 기관인 기저핵과 변연계가 활성화되는 것을 관찰할 수 있다. 이 영역들은 보상 신경전달물질인 **도파민**dopamine이 풍부한 영역으로, 도파민은 첫눈에 반한 사람에게 거절당할 두려움을 무릅쓰고 말을 걸 수 있게 동기를 부여해준다.

포유류 중에서는 인간과 코요테를 포함한 5% 정도만이 한 명의 배우자와 평생을 보낸다. 대부분의 코요테는 사랑 호르몬이라 불리는 **옥시토신**oxytocin에 매우 민감하며 자신의 배우자에게 충성하는 경향이 있다. 인간과 코요테는 짝짓기를 하고 출산과 양육을 하는 동안 다량의 옥시토신을 분비한다. 호르몬이 부부 관계를 돈독히 하는 데 한몫하는 셈이다. 반면 옥시토신에 덜 민감한 뇌를 가진 다른 동물들은 여러 짝들과 무작위로 짝짓기를 한다. 실제로 옥시토신 수치가 낮은 남성은 결혼할 확률이 낮다는 연구 결과가 있다.

그렇다고 옥시토신을 향수처럼 파트너에게 뿌려준다고 해서 갑자기 무릎을 꿇고 청혼하게 되는 것은 아니다. 뇌는 그렇게 단순하지 않다. 옥시토신은 그저 사랑이란 복잡한 퍼즐의 한 조각일 뿐이다. 즉, 로맨틱한 사랑 또한 사랑의 여러 측면 중 하나일 뿐이라는 뜻이다. 인간의 유전자가 수 대를 걸쳐 이어질 수 있도록 자식들을 돌보는 일에 헌신하는 부모의 사랑도 사랑이다. 부모의 사랑이 발현될 때는 뇌간에 있는 뇌척수액이 이동하는 통로를 감싸고 있는 회백질이 활성화된다. 앞서 언급했듯이 인간의 뇌는 출생할 때까지도 완전히 발달되지 않은 상태다. 출생 후 다른 사람들과 상호작용하면서 지속적으로 발달하는 것이다. 쉽게 말해, 타인과의 상호작용이 결핍되면 뇌는 제대로 발달하지 못한다는 뜻이다.

20세기 중반에 진행된 한 연구에 따르면 병원과 고아원에 수용된 아동들은 소극적이고 걷거나 말하는 기능이 떨어지며 또래 아이들에 비해 몸무게가 적다고 보고되었다. 심지어 일부는 사망에 이르기도 했다. 충분한 음식과 옷 그리고 안정적인 주거 환경이 주어졌으나 사랑이 결핍되었던 것이다. 이에 정신분석학자 르네 스피츠 René A. Spitz 박사는 아이를 정상적으로 발육하는 데 애정 어린 양육이 필수 요소라고 주장했다. 차후에 이루어진 연구 결과에 따르면 감정적으로 방치된 아동의 뇌는 부모의 사랑을 받으며 자란 아동에 비해서 뇌의 크기가 작다고 한다. 아기는 태어나서 첫걸음을 떼었을 때 자신을 보고 환하게 웃어주는 부모의 얼굴, 넘어지면 달려와 위로해주는 부모의 애정으로 학습한다. 학습은 수만 개의 새로운 신경망을 생성하면서 이루어지기 때문에 물리적으로 뇌가 자라는 것이다.

추가 연구에 따르면 원생들을 아끼고 배려하는 고아원에서 자라도 여전히 애정 어린 부모 아래에서 자란 것보다 뇌 발달이 저하되는 결과를 보였다. 아무리 세심하게 돌본다 해도 20~30명의 직원이 교대 근무하는 환경은 1~2명의 양육자가 곁에서 늘 돌봐주는 환경만큼 좋을 수 없었던 것이다. 또 다른 연구진은 고아들을 두 그룹으로 나누어 첫 번째 그룹의 아동들은 위탁가정으로 보내고 나머지 그룹의 아동들은 시설에서 양육하며 이들의 성장 과정을 기록했다. 수 년의 세월이 흐른 뒤 두 그룹의 지능 지수를 검사하자 위탁가정에서 자란 아동들의 지능이 고아원에서 자란 아동들보다 높게 나타난 것을 발견할 수 있었다. 또 성장 기간 동안 조건 없는 사랑을 듬뿍 받고 자란 아이들은 방치된 아이들에 비해 사회 적응력과 이해심 또한 높게 나타났다. 즉, 양육 환경은 단순히 지능 발달에만 중요한 것이 아니라 한 개인의 정체성과 살아가는 방식 등 삶의 모든 면에 영향을 미친다. 어떻게 보면 사랑이란 베푼 만큼 받게 되는 셈이다.

원초적 본능
성욕

원숭이는 대뇌 피질만 자극해도 성욕을 이끌어낼 수 있지만 인간의 성욕은 뇌의 거의 모든 영역에 자극이 필요하다. 일단 매력적인 사람을 인지할 때는 변연계의 도움을 받은 전두엽이 나서서 다른 사람들은 거들떠보지 않고 매력을 어필하는 사람에게만 집중할 수 있도록 해준다. 깊이 파인 옷 사이로 드러난 목덜미나 운동으로 잘 다져진 상반신을 바라볼 때는 후두엽이 중요한 역할을 수행한다. 상대방의 손이나 목덜미에 손이 닿을 때면 손끝의 감각 정보가 뇌의 뒤편에 위치한 두정엽으로 전달된다. 성적 흥분이 절정에 달했을 때는 단 두 영역을 제외하고 모든 뇌가 활성화된다. 바로 전두엽과 편도체다.

행동의 결과를 의식하지 않고 감정에 충실해야 하니 전두엽이 억제되는 것은 어쩌면 당연한 일일지도 모르겠다. 그러나 일반적으로 원초적인 감정과 관련이 깊은 편도체가 왜 억제되는지는 아직 명확하게 알려진 바가 없다. 다만 편도체에 손상을 입은 환자들이 과도하게 성욕구를 느끼고 앞뒤 재지 않고 해소하려는 증상으로 보아 편도체가 무모하고 위험한 상태에 도달하지 않도록 제어하는 역할을 하는 것으로 보인다. 그 예로 해마와 편도체가 위치한 측두엽 내부에 손상을 입으면 클뤼바뷰시증후군$^{Klüver-Bucy\ syndrom}$이 일어나는 것을 들 수 있다. 클뤼바뷰시증후군은 원숭이의 양쪽 측두엽을 절제한 실험에서 나타난 일련의 증상을 처음 보고한 독일계 미국인 심리학자 하인리히 클뤼바$^{Heinrich\ Klüver}$와 미국의 신경외과의 폴 뷰시$^{Paul\ Bucy}$의 이름을 딴 것이다. 이 증후군 환자들은 새로운 기억을 저장하지 못하는 기억장애와 더불어 공포와 분노를 느끼지 못하는 증상을 보인다. 그러나 이들의 성욕은 비정상적이리만큼 강하게 유지된다.

한 사례로, 미국의 뉴저지에 사는 십대 소년 케빈은 뇌전증으로 인한 발작으로 고통받다가 뇌전증을 유발하는 뇌 부위를 제거하는 수술을 받고 정상적인 삶을 살게 되었다. 그는 성년이 되어 안정적인 직장도 가지고 결혼해서 행복한 가정도 꾸리게 되었다. 그는 매력적인 사람이었고 지역사회에도 잘 적응하며 살았다. 그러던 어느 날 뇌전증이 재발해 다시 수술을 받기로 했다. 수술은 성공적이어서 뇌전증 발작은 사라졌으나 케빈은 심각한 후유증을 안게 되었다. 자제력을 잃게 된 것이다.

같은 피아노 연주곡을 9시간 동안 반복해서 치는 것 같이 딱히 심각해보이지 않는 증세도 있었지만, 주체할 수 없는 식욕이나 성욕 같은 심각한 문제도 생겼다. 그는 미친듯이 포르노 영화를 다운받고 아동음란물을 소지하기 시작했다. 결국 재판에 회부된 그는 자신이 저지른 짓이 아니며 수술 후 이상하게 변한 자신의 뇌 때문이라고 주장했다. 실제로 그는 클뤼바뷰시증후군 진단을 받았고 재판부는 이를 일부 참작해주었다.

뇌는 성욕을 자극하는 신호를 방출하기도 하지만 충동을 억제하는 신호 또한 생성한다. 아무리 섹시한 이성이 눈앞에 있어도 달려들지 않고 자신을 억제하며 평상심을 유지할 수 있는 것은 측두엽 덕분이다. 측두엽뿐만 아니라 대뇌 피질의 **대상속**cingulum, 신경섬유다발의 일종과 전전두엽 피질 또한 성욕을 꺾는 데 적극적으로 가담한다. 만약 화초를 키우는 일 외에는 관심도 없는 다정다감하던 할머니가 갑자기 남자 간호사의 엉덩이를 꼬집었다면 이 할머니는 전두엽 치매를 앓고 있을 확률이 높다.

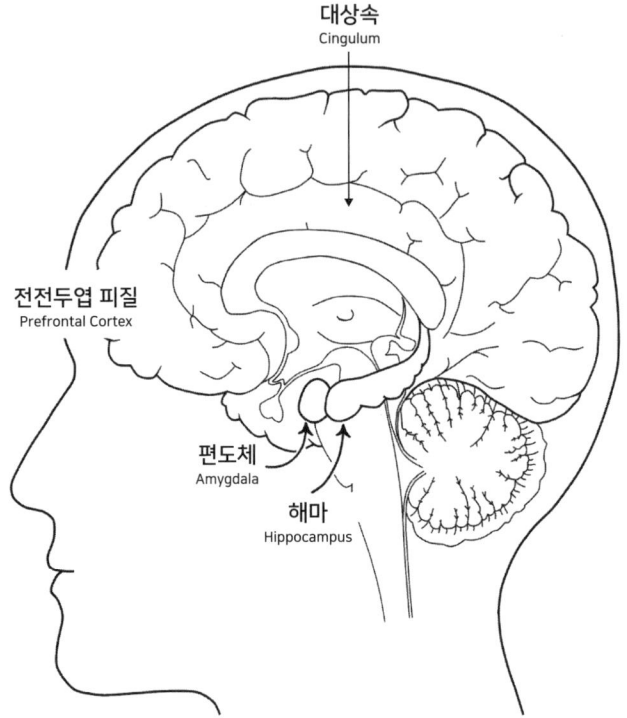

▲ 감정에서 중요한 역할을 하는 대뇌 피질의 대상속, 해마, 편도체는 모두 변연계에 포함된다.
최근에 진화한 전전두엽 피질은 모든 감정을 통제하는 역할을 한다.

남이 잘되면 배가 아픈 이유
질투심

질투심에 불타오르면 좌우뇌반구 사이에 위치하는 대뇌 피질의 질투 스폿 jealousy spot이라 불리는 영역에 빨간불이 켜진다. 질투는 우리가 소중하게 생각하는 것을 잃게 될 거라는 두려움에서 유발된다. 일본에서 질투를 하면 뇌에 어떤 변화가 일어나는지를 알아보는 실험이 진행되었다. 실험 참가자들에게 가상의 시나리오를 읽게 하며 뇌의 변화를 관찰했다. 주인공이 승승장구하는 하는 내용을 읽자 참가자의 뇌에서 질투 스폿이 활성화되었다. 이 영역은 놀랍게도 인간이 고통을 느낄 때 활성화되는 영역이다. 즉, 남이 잘되는 걸 보는 것만으로 고통을 느끼는 것이다. 반면 주인공이 문제에 휘말려 어려움을 겪게 되자 기저핵의 특정 영역이 활성화되었는데 이 영역은 기쁨과 만족감을 느낄 때 활성화되는 영역이다. 이처럼 다른 사람이 불행할 때 느끼는 불편한 기쁨을 일명 샤덴프로이데 schadenfreude라 한다.

복잡다단한 감정의 감기
우울증

　진부하지만 "웃으면 복이 온다"라는 말을 한 번쯤 들어본 적이 있을 것이다. 웃으면 기분이 좋아지면서 좋은 일이 생긴다는 뜻이다. 실제로 미소를 지으면 안면근육에서 뇌로 신호를 보내고 이 신호는 기분을 좋게 만든다. 같은 영상을 봐도 미소를 지으면서 시청한 사람이, 얼굴을 찌푸리고 시청한 사람보다 영상을 더 재밌다고 느꼈다는 연구 결과도 있다. 마찬가지로 화가 난 표정을 지으면 분노와 공포를 담당하는 편도체가 활성화되어 기분이 나빠지는 것도 가능하다.

　그렇다면 일시적으로 근육을 마비시키는 보톡스 시술을 받으면 어떻게 될까? 보톡스는 안면근육을 조절하는 뉴런을 마비시키기 때문에 시술을 받고 나면 편도체는 마비된 안면근육과 아무런 정보도 주고받을 수 없게 된다. 한 연구에서 최소 6개월 동안 극심한 우울증을 앓고 있던 환자들이 미간의 주름을 제거하기 위해 보톡스 시술을 받자 그 중 90%가 2개월 동안 우울감이 줄었다고 보고했다. 하지만 모든 일이 이렇게 단순하다면 얼마나 좋을까? 안타깝게도 인간의 기분은 단순한 표정 변화만으로 오락가락하게 만들기엔 조금 복잡하게 구성되어 있다.

'기분이 나쁘다' 또는 '우울하다'라는 감정은 누구에게나 흔히 일어날 수 있다. 슬픈 영화를 봐서, 아끼던 펜을 잃어버려서, 친구와 싸워서, 노력한 결과가 뜻대로 되지 않아서 등등 여러 가지 이유로 우울감을 느낄 수 있다. 그러나 그 상황과 멀어지고 어느 정도 시간이 흐르면 대부분 그 상태를 극복한다. 그러나 **우울증**depression은 완전히 다른 이야기다. 우울증은 정상적인 감정의 범주를 뛰어넘어 한 사람의 사고방식, 행동 양식 그리고 가치관에까지 영향을 미치는 심각한 질환이다.

우울증은 단순히 슬픈 일이 닥쳐서 느끼는 슬픔을 훨씬 넘어서는 것이며 한 가지 사건만으로 촉발되는 경우는 거의 없다. 우울증을 앓는 사람들은 삶에 대한 에너지와 동기를 상실하고 행복과 기쁨, 만족감도 느낄 수 없으며 삶의 의미도 찾지 못한다. 심지어 우울증을 앓는 사람들은 우울증이 없는 사람들에 비해 수명도 짧다. 이들은 스스로를 고립시키는 경향이 있기 때문에 도움이 필요할 때 제때 도움을 받을 수가 없고 당연히 자신의 건강을 돌보는 일도 소홀히 하게 된다. 그뿐만 아니라 만성적인 스트레스로 인해 자신의 몸과 마음을 해친다.

우울감과 같은 감정은 뇌의 화학 반응, 활성화되는 영역, 신경망의 기능 및 신경전달물질들의 생리적 변화와 관련되어 있다. 따라서 우울증을 '정신적'인 질환이라고만 하기는 어렵다. 우울증 연구에서 지금까지 가장 주목받아온 신경전달물질은 **세로토닌**serotonin이다. 세로토닌은 평정심과 긍정적 사고를 유지시켜 항우울 작용을 하는 신경전달물질로, 뉴런 사이의 시냅스 간극으로 분비되며 맞은편 뉴런의 수용체에서 수용한다.

여러 연구 결과, 심각한 우울증 환자는 세로토닌을 흡수하는 세로토닌 수용체가 우울증이 없는 사람에 비해 훨씬 적은 것으로 나타났다. 이는 신경망의 물리적 변화가 우울증을 유발한다는 것을 뜻한다. 세로토닌 수용체가 적어 시냅스 간극에 세로토닌이 과다해지면, 일반적으로 세로토닌을 분비한 뉴런이 초과한 양을 재흡수한다. 우울증 환자들이 복용하는, 일명 SSRI Selective Serotonin Reuptake Inhibitor라 불리는 '선택적 세로토닌 재흡수 억제제'는 세로토닌의 재흡수를 선택적으로 억제하여 더 많은 세로토닌이 시냅스 간극에 더 오래 머무를 수 있도록 해준다. 그러면 세로토닌 수용체의 수가 적다고 해도 흡수할 기회가 증가하기 때문에 정상적인 세로토닌 수치를 유지할 수 있다. 이 때문에 SSRI

는 해피필 happy pill 이라고도 불린다.

그렇다고 해피필이 모든 우울증 환자에게 효과가 있는 것은 아니다. 우선 우울증은 단일 질환이 아니라 여러 정신질환의 원인이 되는 증상을 뜻하는 용어이며, 우울증을 일으키는 화학적 반응에 대한 이해가 아직 부족하여 마땅한 표적치료제도 없는 상태다. 뇌를 스캔해서 뇌의 다양한 영역에 얼마나 많은 수의 세로토닌 수용체가 존재하는지 확인할 수 있는 날이 온다면 SSRI를 효과적으로 활용할 수 있을지도 모른다. 그러나 현재로서는 일단 투약을 하고 경과를 지켜보는 수밖에 없다.

세로토닌의 수치가 비교적 정상임에도 불구하고 우울증을 앓고 있다면 또 다른 신경전달물질인 도파민을 의심해보아야 한다. 도파민을 정상적으로 흡수하지 못하면 쾌락과 행복감을 느낄 수 없기 때문이다. 일례로 파킨슨병 Parkinson's disease 은 도파민을 생성하는 뉴런뿐만 아니라 이를 전송하는 뉴런도 죽이기 때문에 근육의 움직임이 더뎌지고, 기분이 가라앉고, 의욕이 저하되는 등의 증상을 수반한다. 파킨슨병 환자 중 45%가 우울증 증세를 보이는 이유가 이 때문이다.

우울증 환자는 세로토닌 수용체와 마찬가지로 우울증이 없는 사람에 비해 변연계에 존재하는 도파민 수용체의 수 역시 훨씬 적으므로 도파민 수치를 높이는 처방은 근육 조절 문제뿐만 아니라 우울증을 완화시키는 데도 효과가 있다.

오늘 일은 내일의 '뇌'가 책임지겠지…
호르몬이 내 인생에 미치는 영향

주변에 한둘쯤 이런 사람이 있을 것이다. 좋게 말하면 느긋한 사람, 나쁘게 말하면 게으른 사람 말이다(어쩌면 본인일지도 모른다). 이들은 학교 과제든, 회사 업무든, 집안 일이든 매번 해야 할 일을 미루는 경향이 있는데, 놀랍게 미루는 본인 자신도 양심의 가책을 느끼고 스트레스를 받는다. 미루는 것이 오히려 좋은 결과를 낸다는 의견도 있지만, 그건 일부일 뿐이고 대체로 자신의 역량보다 낮은 성취율을 보일 수밖에 없다. 사실 이들이 할 일을 미루는 것은 그 일을 해낼 능력이 없는 것이 아니라 일을 시작하고 이어나갈 동기가 부족하기 때문이다. 해내고 싶은 마음이 없는 것은 아니다. 다만 오늘, 지금 당장은 하고 싶지 않은 것뿐이다.

물론 이들도 모든 일을 닥치는 대로 미루는 건 아니다. 미루고 싶은 일에도 몇 가지 패턴이 있다. 가장 대표적인 건 머리로 해야 하는 일이다. 머리로 하는 일은 몸으로 하는 일보다 더 강한 자기 통제가 필요하기 때문에 시험 공부를 하느니 책상 청소를 하게 되는 것이다. 특히 시험이 당장 내일이 아니라 일주일 뒤라면 더 책상 청소에 공을 들이게 된다. 일이 닥치기까지 기간이 많으면 많을수록 그리고 어려운 일일수록 미루고 싶은 욕구가 커지기 때문이다.

한 가지 희소식이 있다면 할 일을 미루는 것도 뇌지만, 시작할 수 있도록 동기를 부여하는 것도 뇌라는 것이다. 신년에 세운 계획을 꾸준하게 실행할 것인지 아니면 작심삼일로 끝낼 것인지는 뉴런 간에 신호가 이동하는 방식에 따라 결정된다. 시간이 흐르면서 어떤 신경망은 쇠퇴하는 반면 어떤 신경망은 학습을 하면서 새로 생겨나기도 하고 강화되기도 한다. 그러므로 뇌의 생리적 변화를 잘 활용해서 행동에 변화를 일으킬 수 있는 방법을 생각해 내야 한다.

만약 할 일이 너무 벅차서 미루고 싶다면 그 일을 작게 쪼개 보아라. 가령 넓은 집을 대청소해야 한다면 하루에 방 하나만 청소하는 걸로 작게 쪼개는 것이다. 머리를 너무 써야 하는 일이라 미루고 싶다면 머리를 쓰는 일을 하는 중간중간에 기분전환을 할 수 있도록 몸을 쓰는 일을 끼우는 것도 좋은 방법이다. 그러면 어느새 모든 일이 끝나 있을 것이다.

가장 중요한 것은 상상력을 이용하는 것이다. 우리가 종종 중요한 일들을 미루는 이유는 그 일을 했을 때 곧장 손에 떨어지는 게 없다는 걸 알기 때문이다. 그러므로 청소를 하기 싫을 땐 머릿속으로 방이 깨끗하다며 칭찬받는 모습을 상상하거나 발표 자료를 만들기 싫을 땐 발표를 마치고 박수갈채가 쏟아지는 모습을 상상해보라. 그것만으로도 뇌는 이 일을 지금 해야 할 동기부여를 얻을 것이다. 그 중심엔 바로 도파민이 있기 때문이다.

힘든 일을 참아내며 해내는 역량이 뛰어난 사람들은 쉽게 일을 미루는 사람들에 비해 전전두엽과 기저핵에 **보상신경전달물질**reward neurotransmitter인 도파민이 더 많은 것으로 추정된다. 전전두엽과 기저핵은 모두 동기부여에 중요한 역할을 하는 뇌 영역이다. 도파민이 주는 동기 부여가 얼마나 큰 역할을 하느냐면, 도파민이 충분히 분비되는 건강한 쥐는 별다른 노력을 하지 않아도 먹을 수 있도록 부실한 먹이를 던져줘도 더 좋은 먹이를 찾아 돌아다닌다. 반면 전전두엽과 기저핵의 도파민 신호가 차단되어 도파민이 충분하게 분비되지 않는 쥐는 어떤 먹이를 주든 던져주는 대로 그저 먹어 치운다. 다시 말해 도파민은 긍정적 결과를 얻기 위해 (혹은 부정적 결과를 피하기 위해) 노력하도록 동기를 부여하는 역할을 한다. 또 기저핵의 측좌핵nucleus accumbens에서 분비되는 도파민 수치가 높으면 어떤 행동을 해야 더 좋은 결과를 얻게 될지 예측하는 능력이 증가한다. 다시 말해 뇌는 중요한 일이 일어나고 있음을 인지하고 그 일을 하는 데 필요한 동기를 부여하는 것이다.

반면 태만한 사람은 전두엽과 기저핵의 도파민 수치가 상대적으로 낮고 측두엽 안쪽에 위치하는 뇌섬엽의 도파민 수치가 높다. 해야 할 중요한 일은 뒷전으로 미룬 채 한가롭게 누워서 유튜브나 보고 싶은 충동을 자주 느낀다면 동기부여에 관여하는 뇌 영역의 도파민 수치를 높이는 훈련을 해야 한다. 방법은 간단하다. 비교적 해내기 수월한 작은 목표를 세우고 달성하면 스스로를 칭찬해줌으로써 목표 달성과 도파민 반응을 연결시키는 것이다. 그러면 부분적인 목표를 달성할 때마다 뇌에서 보상 시스템이 가동되고 도파민 수치가 올라갈 것이다.

그러나 여기에는 무수한 노력이 필요함을 잊어서는 안 된다. 시간과 노력을 들이지 않고 의지만으로는 아무런 의미가 없다. 때로는 끈기라는 상투적인 답이 동기부여가 될 때도 있다. 올림픽 경기에 출전할 수 있다는 일말의 희망만으로 수많은 선수가 4년이라는 긴 시간 동안 비가 오나 눈이 오나 매일 고된 훈련을 반복하는 모습을 보면 그 의미를 알 수 있다. 살면서 한 번쯤은 더 큰 도약을 위해 지루하기 짝이 없고 고된 일을 반복하며 버텨야 할 때가 있다. 이럴 때 우리는 뇌를 달래가며 그 시간들을 헤쳐 나가야 한다.

승리하려면 분노하라

참는 사람이 손해

진화는 언제나 유리한 유전자를 가진 종들을 선택하고 이들의 유전자를 후손에게 남기는 쪽으로 흘러왔다. 그런데 수천 년 동안 진화를 거듭해 온 인간은 왜 아직도 화를 다스리지 못하는 걸까? 그 해답은 분노가 사회적으로 용납할 수 없는 행동까지는 이르지 않는 수준을 유지하는 데 도움이 된다는 것에 있다. 마음 가는 대로 얼간이처럼 마구 행동하고 싶은 충동이 들어도 이런 행동을 하면 주변 사람들이 얼마나 분노할지 잘 알고 있기 때문에 보통은 실행에 옮기지 않는다. 상습적으로 지각을 하거나 새치기하는 사람들에게 언성을 높일 때 뇌의 중앙, 뇌량의 바로 위에 있는 뇌이랑^{gyrus, 피질의 주름 부분에서 밭이랑처럼 솟아오른 부분}, 대상속 그리고 좌측 전두엽의 뉴런이 활성화된다.

네덜란드의 한 연구에 따르면 협상할 때 분노나 짜증을 드러내는 것이 일반적으로 도움이 된다고 한다. 이는 사람들은 분노가 불편하기 때문에 만족감을 드러내는 사람보다는 분노를 표시하는 사람에게 수긍하려는 경향이 있기 때문이다. 상대의 분노를 누그러뜨리기 위해 양보를 선택하고 마는 것이다. 그 덕에 조용히 앉아만 있을 때보다 분노를 해야 훨씬 더 많은 것을 얻게 된다.

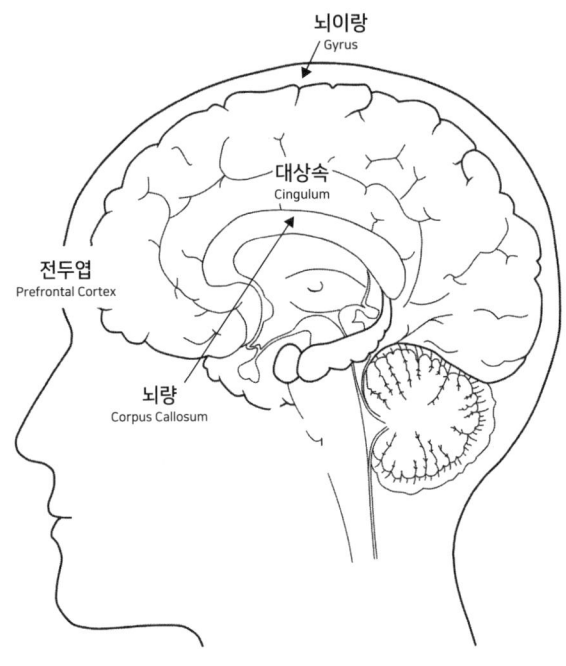

▲ 분노할 때는 뇌량의 바로 위 뇌이랑, 대상속, 좌측 전두엽 뉴런이 활성화된다.

스트레스 받으면 빨리 늙는 뇌과학적 이유
스트레스 호르몬의 두 얼굴

만약 지금 당신이 절벽에 반쯤 매달린 차에 갇혀 있다면 뇌는 아침 식사를 소화시킨다거나 백혈구를 생성하는 일을 즉각 중단할 것이다. 대신 근육에 혈액과 에너지를 공급하기 시작한다. 당장 눈앞에 죽음이 닥친 마당에 아침에 먹은 시리얼을 소화시키는 정도는 잠시 미뤄도 큰 문제가 없을 테니 말이다.

뇌는 위험을 감지하는 순간 척추를 통해 부신에 신경자극을 보내서 아드레날린을 분비하게 한다. 아드레날린이 혈액 속으로 분비되면 심장 박동수와 호흡이 빨라지며 단기간에 산소와 영양분을 다량 함유한 혈액을 뇌와 근육에 공급할 수 있다. 한편 간은 혈당을 높여 바로 어떤 행동이든 취할 준비 태세를 갖춘다. 이렇게 신속한 반응이 없었다면 인류는 사납고 덩치 큰 육식 동물들 사이에서 살아남을 수 없었을 것이다. 생존을 위한 유용한 반응이지만, 현대 사회에서는 이 반응을 단어만 들어도 부정적으로 받아들인다. 바로 스트레스 반응이다.

'뇌의 수다쟁이'라고 불리는 시상의 바로 밑에는 **시상하부**hypothalamus가 있다. 시상하부는 뇌 아래쪽에 타원형으로 길게 매달려 있는 **뇌하수체**pituitary gland를 통제한다. 뇌하수체는 시상하부의 명령을 받아 호르몬을 분비해 부신으로 하여금 스트레스 호르몬인 코르티솔cortisol을 분비하도록 한다. 코르티솔은 스트레스 반응이 일어나는 동안 혈당 수치와 혈압을 높게 유지하는 중요한 역할을 한다.

마트 계산대에 늘어선 긴 줄 같은 사소한 일부터 출산이나 자연재해 같은 일생일대의 사건에 이르기까지, 스트레스를 받을 일은 우리 삶에 너무나 많다. 물론 단기간의 적당한 스트레스는 종종 유익한 작용을 한다. 화학 시험 때문에 생기는 스트레스는 잡다한 생각을 없애고 주기율표를 외우는 데 집중하도록 해준다. 그러나 수주일 혹은 수년간 계속되는 스트레스는 건강에 유해할 수밖에 없다. 지속적인 스트레스는 콜레스테롤, 혈압, 혈당 수치에 영향을 미치는데, 콜레스테롤과 혈당 수치가 높은 상태에서 오랫동안 고혈압이 유지되면 심장마비나 뇌졸중을 일으킬 확률이 높아진다. 실제로 시험을 보기 전 학생들의 콜레스테롤 수치가 시험을 보고난 후보다 20%나 높아졌으며, 회계사들 역시 회계 보고 준비로 스트레스가 많은 연말이면 콜레스테롤 수치가 평소보다 높아지고 혈액 응고가 더 빨리 진행된다는 연구 결과가 있었다.

　기나긴 스트레스의 악영향은 이뿐만이 아니다. 스트레스를 받는 동안 혈액 속을 떠다니던 코르티솔은 기억을 관장하는 해마까지 도달하여 스트레스를 받았던 일을 선명하게 저장하도록 한다. 이런 기억은 앞으로 닥칠 위험한 상황, 즉 스트레스를 야기시킬 수 있는 상황을 인지하고 피할 수 있도록 해주기 때문에 생존 메커니즘에 중요한 역할을 한다. 그러나 코르티솔 호르몬에 장기적으로 노출되면 해마의 뉴런이 손상을 입고 결국에는 뉴런이 죽게 된다. 코르티솔이 해마를 노화시키는 데 동참한 것이다.

　살면서 스트레스를 전혀 받지 않을 수는 없다. 예상치도 못한 위험에 처하거나, 두렵거나 새롭고 익숙하지 않은 일들과 맞닥뜨릴 위험은 곳곳에 있다. 다만, 이런 상황에 처했을 때 스트레스를 받는 정도와 기간이 사람마다 다를 뿐이다. 많은 연구 결과가 긍정적인 태도를 가진 사람들이 자주 짜증을 내고 화를 잘 내는 사람들에 비해 훨씬 오래 행복하게 산다고 보고한다. 그러므로 결코 쉽지 않겠지만, 예측 불가능하고 원치 않았던 일들로 너무 오랫동안 스트레스 받지 않도록 하자. 스트레스를 받는 동안 뇌가 빠르게 늙어가고 있다는 생각이 들면 더 스트레스를 받을지도 모르겠지만 말이다.

불안에 대한 불안
과민 반응과 공황장애

이른 새벽, 고요한 실험실에 혼자 있는데 갑자기 누군가 문을 벌컥 열고 들어오는 바람에 화들짝 놀라 들고 있던 유리 실린더를 떨어뜨렸다. 그렇게 이른 시간 실험실에 누가 나오리라 예상치도 못한 데다가 실험에 집중하느라 문밖에서 들려오는 발소리도 전혀 듣지 못했던 것이다. 신나게 인사를 건넨 죄밖에 없는 실험실 동료는 다음부턴 반갑게 인사하지 않도록 주의하겠다며 쓴웃음을 지었다.

사실 진짜 죄를 지은 쪽은 내 감정의 중추, 편도체다. 모퉁이를 돌아서다 예기치 않게 누군가를 마주치고 놀라서 들고 있던 뜨거운 커피를 쏟는다거나 갑자기 들리는 큰 소리에 화들짝 놀라는 등 감각 정보에 즉각적으로 반응하는 것은 변연계의 일부인 편도체가 열심히 일하고 있다는 뜻이기 때문이다. 다만 편도체가 지나치게 열심히 일을 하는 바람에 극단적인 불안증이 생기는 경우도 있다. 바로 **공황장애** panic disorder다.

실제로 공황발작을 겪어본 사람들은 입을 모아 인생 최

악의 경험이었다고 말한다. 공황발작이 일어나면 극심한 불안감에 심장이 입 밖으로 튀어나올 것처럼 두근거리고 숨이 막혀 곧 죽을 것처럼 느껴진다. 명치가 꼬인 듯이 아프기도 하고 정신을 잃을 것 같은 현기증이 나기도 한다. 공황발작을 한번 경험한 사람들은 외부와의 접촉을 불안해 하고 발작을 겪었을 때와 유사한 상황과 장소를 최대한 피하려고 한다. 예를 들어 마트에서 공황발작을 겪은 사람은 마트 근처에 가는 것도 기피하며 심지어는 집 밖으로 나오지 않으려는 경우도 있다.

 편도체는 해마의 끝자락에 위치하는데, 이 둘은 아주 긴밀하게 상호작용한다. 마트 계산대에 줄을 서서 기다리다 갑자기 편도체가 과민하게 위험 신호를 보내면서 극심한 공포와 불안을 느끼게 하면 해마는 거의 실신할 뻔했던 이 경험을 저장한다. 덕분에 이제 마트 계산대에 줄을 서는 것만으로도 공황발작으로 고통스러웠던 기억이 되살아나 편도체가 활성화되어 불안증을 일으킬까 봐 불안하게 되는 것이다.

 일반적으로 불안은 이로운 감정이다. 덕분에 우리가 뜨거운 불구덩이에 손을 집어넣는 어리석은 짓을 하지 않고 낭떠러지 가장자리를 맨몸으로 걷는 위험한 짓을 하지 않을 수 있다. 만약 낭떠러지 가장자리에 너무 가까이 다가가면 편도체는 몸에 신호를 보내 다리가 후들거리고 손바닥에 땀을 쥐게 한다. 즉, 더 이상 나아갈 수 없게 함으로써 몸을 보호하는 것이다. 다만, 경계가 지나칠 때가 있다. 어떤 사람들은 명백히 위협적인 요소가 없어 보이는 상황에서도 비행기가 이륙할 때처럼 몸이 긴장되고 하루에 수십 차례 이륙을 경험하는 것처럼 피곤함을 느끼곤 한다. 이는 뇌가 일상적인 상황을 위험 상황으로 잘못 해석하고 온몸 구석구석 경계경보를 보냈기 때문이다. 경계경보가 발동되면 손발이 차가워지고 입이 마르기 시작한다. 심장이 미친 듯이 뛰고 과호흡으로 숨이 막힐 것 같다. 그 결과 뇌동맥이 수축되어 어지럼증을 느끼거나 실신하게 되는 것이다. 이쯤 되면 단순한 두려움이 아니라 심각한 불안증 수준에 이른 것이다.

최근 수년간 연구와 발전을 거듭한 우울증 치료제와는 달리 불안증 치료제는 여전히 의존성과 중독성이 있으며 멍해지는 부작용이 있다. 하지만 인지치료 cognitive therapy 같은 대체요법도 있다. 앞서도 수차례 언급했듯이 뇌는 가소성이 있다. 다시 말해 변할 수 있다는 뜻이다. 인지치료법은 공황발작을 일으키는 원인과 증세를 자신의 뇌에 상세히 설명하고 이해시켜서 문제를 해결하는 것이다. 공황발작이 일어날 조짐이 보일 때 자신의 병과 증세에 대한 정보를 제대로 인지하고 있는 환자들은 공포의 소용돌이로 빠질 확률이 줄어든다. 그러니 늘 전두엽은 편도체를 설득할 수 있음을 잊지 말아야 한다.

    이런 과정을 거치면 대부분의 환자들은 어느 정도 자신의 불안증을 통제할 수 있게 되고 불안증세가 공황발작으로 진행되기 전에 멈출 수 있다. 만약 인지치료만으로 부족하다면 운동을 권한다. 운동을 하면 새로운 뉴런이 생성되고 스트레스를 줄여주는 신경전달물질이 분비되기 때문이다(가장 도움되는 운동은 지구력 운동이다). 규칙적으로 운동을 하면 몸도 건강해지고 정신도 건강해지고 심지어 불안증과 우울증에 맞서 싸우는 데도 도움이 되니 안 할 이유가 없지 않은가? '규칙적'으로 뭘 하기가 힘들 뿐…

만물의 영장으로서 존엄성
- 지능

사람은 적당히 똑똑해야 한다.
너무 똑똑하면 안 된다.
지나치게 똑똑한 사람은
행복한 삶을 살 수 없다.

- 《고 에다》의 <높으신 분이 말하기를> 중에서

"외모가 뛰어나면 지능도 높다는 연구 결과가…"

지능 지수, IQ

1933년, 풍자 소설 《도망자》에서 "얀테의 법칙Law of Jante"이라는 독특한 행동 지침이 등장했다. 이는 얀테라는 소설 속 허구의 작은 마을에서 주민들의 행동 양식을 제한하기 위해 마련된 10가지 행동 지침으로, 요약하자면 '개인은 자기자신의 가치에 몰입하지 말아야 한다', 즉 개인의 성취보다는 집단의 복지가 더 중요하다는 것이다.

이는 1930년대 훨씬 이전부터 존재해온 전형적인 스칸디나비아식 사고방식이다. 그러나 공동체의 성취를 더 중요시하는 스칸디나비아인조차 모든 사람이 같지 않다는 사실만은 인정했다. 누군가는 유머감각이 뛰어난 반면 누군가는 엄청난 기억력을 자랑하고, 누군가는 음악에 재능이 있는가 하면 누군가는 언어 습득이 빠르다. 이처럼 개개인의 장점과 단점은 인정하고 받아들이지만 여전히 많은 사람이 인정하지 않으려는 개인적 차이가 있다. 바로 **지능**이다.

과연 우리가 지능이라 부르는 것을 측정할 수 있는 정확한 기준이 존재할까? 지능의 정의는 다양하기 때문에 이 질문에도 다양한 답이 있을 수 있다. 지능은 한 가지 기준으로 측정할 수도 없고 그래서도 안 된다. 사회관계적 지능, 언어 지능, 음악 지능 등 분야를 나누어 측정해야 한다. 앞서 말했듯 인간이 가진 능력은 개개인마다 천차만별이기 때문이다. 지능의 본래 정의는 '추상적 사상을 다루는 능력'이었다. 이 고전적 정의에 따르면 지능이 높은 사람은 지식을 습득하고 문제를 해결하며 논리적 사고를 하는 능력이 극도로 뛰어난 사람이다. 그 이상도 그 이하도 아니다. 다시 말해 지능이 높은 덕분에 지식 습득 속도가 빠르고 논리적 사고력은 좋지만, 기억력이 나쁘거나 운동 실력이 형편 없을 수 있다. 따라서 지금 우리가 알고 싶어하는 그 '지능'을 제대로 측정하려면 인종과 사회경제적 배경, 성별과 교육 수준에 상관없이 추상적 사고를 다루는 능력과 추론 능력을 측정할 수 있어야 한다. 또 가장 이상적인 테스트는 테스트를 할 때마다 눈에 띄는 편차 없이 결과가 비슷해야 한다.

지능의 발달 정도를 나타내는 지수인 IQ^{Intelligence Quotient}는 단어 그대로 비율적^{quotient}인 수치다. IQ 테스트 초기에는 정신 연령을 실제 연령으로 나눈 수치에 100을 곱한 값이 지능 지수였다. 그러나 이렇게 측정한 지능은 지적 발달 수준을 나타내는 데 불충분하다는 지적 때문에 IQ라는 명칭은 그대로 사용하되 측정 방식은 완전히 바뀌었다. 현재는 연령별 준거집단의 평균 IQ를 100으로 잡고 한 개인의 IQ를 이와 비교해서 수치를 산정하는 방식으로 측정한다. 똑같은 IQ 테스트를 했을 때 준거집단의 약 50%는 90과 110 사이, 68%는 85와 115 사이, 전체의 97% 정도가 70에서 130 사이에 있다. 하위 2%를 기록한 IQ 70 이하를 지적장애 intellectual disability 로 분류하고, 상위 2%를 기록한 IQ 130 이상은 전 세계 수재들의 모임인 멘사 Mensa 의 회원이 될 자격을 갖춘다. 이 결과를 그래프로 나타내면 완벽한 종 모양이 나타난다. 즉, 정상분포라는 뜻이다.

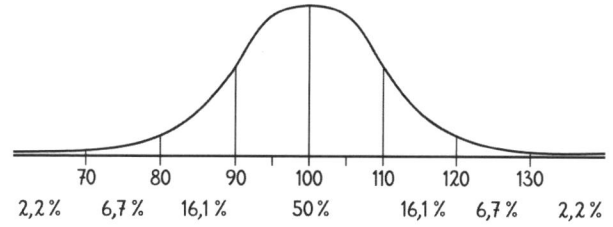

▲ 전형적인 IQ 그래프. 전체의 50%가 IQ 90-110 사이에 속한다.

거의 한 세기 동안 수많은 학자들이 신뢰할 만한 IQ 테스트를 고안해내기 위해 분투해왔다. 그 결과 우열을 다투는 10여 개의 테스트 모델들이 있으나 아직 주류로 인정받는 모델은 없다. 다시 말해 백 년 동안 수백만 번의 테스트를 수행했어도 아직 지능을 측정하는 가장 만족스러운 방법을 찾지 못한 것이다. 그나마 가장 널리 사용하고 있는 테스트들은 개인의 공식적인 교육 수준이나 읽기, 쓰기, 연산 능력은 반영하지 않도록 고안되었다. 따라서 테스트 질문들은 추상적인 패턴 인지 pattern recognition 에 기초한 경우가 많다.

그럼에도 불구하고 공정한 테스트 결과에 영향을 미칠 수 있는 요인들은 여전히 많다. 먼저 문화중립적이지 않다. 펜이나 종이를 사용하지 않는 문화권 응시자들은 펜과 종이를 자유롭게 사용할 수 있는 응시자에 비해 불리한 조건에 놓인다. 또한 IQ 테스트는 밝고 환기가 잘 되며 조용한 환경에서 치러진다는 가정하에 고안되었다. 이런 환경을 마련하지 못하는 일부 개발도상국의 응시자들은 비교적 불리할 수밖에 없다. 그뿐만 아니라 모든 시험이 그렇지만, 테스트 당일 응시자의 상태에 따라 결과가 달라질 수 있다. 수면이 부족하거나 끼니를 거른 상태로 시험을 치루는 등의 일상적 요인부터 실연을 당했다든가 경제적 어려움으로 고민 중이라든가 하는 인생의 고비를 맛보는 중에 테스트를 하면 집중력이 흐트러져 측정 결과가 달라질 수 있다.

IQ 테스트에 부정적인 일부 학자들은 지적 능력을 완벽히 측정하는 것은 불가능하다고 주장한다. 그럼에도 여전히 많은 국가에서 지적장애와 같은 의학적 진단을 내리기 위해 IQ 테스트를 사용하고 있다. 앞서 언급했듯이 IQ 70 이하는 지적장애로 간주되며 IQ 70 아래로 IQ 20까지 지적장애의 등급이 나뉜다. 일례로 노르웨이에서는 IQ 55 이하인 피의자는 형사책임 대상에서 제외시키고 있다. 그러나 상위 2% 영역, 즉 IQ 130 이상의 경우는 상황이 좀 복잡하다. IQ가 높다고 해서 반드시 뛰어나고 지혜로운 건 아니기 때문이다. 특히 지혜 같이 지능보다 광범위한 개념은 추상적인 추론 능력뿐만 아니라 일반적인 상식과 그 밖의 모든 지식을 포함한다. 지혜가 그동안 학습한 모든 것과 연관이 있다면 IQ는 앞으로 학습할 수 있는 잠재력과 연관이 있는 것이다.

그렇다고 IQ가 일상과 완전히 동떨어졌다고 보기도 어렵다. 평균보다 살짝 위인 IQ 110 정도의 '지적인' 사람들은 일반적으로 남들이 해결하지 못하는 문제들을 종종 해결하곤 한다. 이런 능력만 있어도 남들보다 좋은 직장, 높은 급여, 쾌적한 환경을 누리게 될 확률이 높아진다. 또 다른 어느 연구에 따르면 IQ가 평균 이하인 사람 중 55%가 고등학교를 중퇴했으나 평균 이상인 사람은 대부분 성공적으로 중등교육 과정을 마쳤다고 보고했다. 이러한 연구 결과는 IQ가 평균 이상인 사람 중 경제적 어려움을 겪는 사람은 2%에 불과하지만, 평균 이하인 사람은 30%에 달하는 이유에 대한 설명이 될 수 있다.

IQ가 가정사와도 연관되어 있다면 더욱 놀랄 것이다. IQ가 평균 이하인 여성이 미혼모가 될 확률은 평균 이상인 여성에 비해 4배나 높았고 평균 이하인 기혼 여성이 평균 이상의 남편으로부터 생활비를 받으며 살 확률은 평균 이상인 여성에 비해 8배가 높았다. 또한 평균 이하의 IQ를 가진 사람이 이혼을 겪을 확률은 평균 이상인 사람들에 비해 2배나 높게 나타났다.

아마 한 번쯤 잘생기고 예쁜 연예인이 말실수하는 걸 보고는 자기도 모르게 '한심하긴. 하긴 저 얼굴에 머리까지 좋으면 불공평하지.'라고 생각해본 적이 있을 것이다. 맞다. 인생은 불공평하다. 최근 외모와 지능의 상관관계를 연구한 결과 보고서에 따르면 외모가 뛰어난 그룹이 그렇지 못한 그룹에 비해 더 똑똑하다고 보고되었다. 1995년부터 2011년까지 17,000명의 영국 아동을 대상으로 추적 조사가 진행되었다. 이 아동들을 대상으로 11가지의 지능 검사를 하는 동시에 다른 그룹은 평가단으로서 이 아동들의 외모와 매력을 평가했다. 미국에서도 8년 동안 20,000명의 아동을 대상으로 동일한 연구를 진행했다. 두 나라에서 수행한 연구 모두 외모와 지능 간에 연관이 있음이 밝혀졌다. 이 연구 보고서가 발표되었을 때 많은 학자가 이 놀라운 현상의 원인을 찾으려고 노력했다. 어떤 사람들은 이러한 결과가 단순히 건강 상태가 좋아서 생긴 것이라며 그저 "건강한 몸에 건강한 정신이 깃든 것"뿐이라고 설명했다. 또 한편에서는 '자연선택설'을 접목하여 지적이고 좋은 직장을 갖고 있으며 경제적으로 안정된 남성은 매력적이고 아름다운 여성을 배우자로 선택하려는 경향이 있으므로 그 자손에게 지능과 외모 모두를 물려준 것이라 주장했다. 물론 확실히 밝혀진 바는 아무것도 없다.

  IQ 테스트는 얼핏 보기엔 그저 어려운 문제를 풀 능력이 있는지 시험하는 것 같지만, 높은 수준의 언어 능력과 수학 능력 혹은 뛰어난 기억력을 요하는 업무에 적합한 사람을 가려내는 데 사용할 수 있다. 그러나 일의 수행 능력을 측정하려면 IQ 테스트보다 지적 능력을 측정하는 일반지능요인general intelligence factor 검사, 즉 g요인g factor 테스트가 더 적합할지 모른다. g요인 테스트는 IQ 테스트와 달리 시험 방식이 달라져도 항상 검사 결과가 동일하며 보통 이 테스트에서 높은 점수를 얻은 사람들이 학교나 직장에서 성공할 확률이 높다. 결론적으로 IQ 테스트는 지능을 측정하는 만능 테스트도 아닐 뿐더러 IQ가 높다고 전반적인 지능이 높다고 할 수도 없다. IQ는 지능의 한 지표만을 측정하는 수치에 불과하기 때문이다. 게다가 한 사람이 성공하기 위해서는 지능뿐만 아니라 다른 많은 요소가 제 역할을 수행해야만 한다.

노력하면 지능이 높아질까?
선천적 유전 vs 후천적 환경

    같은 집, 같은 부모 아래에서 자란 형제도 지능에 차이가 나는 경우가 빈번하다. 사실 비슷한 경우보다 다른 경우가 훨씬 많다. 이처럼 동일한 환경에서 자라도 지능에 차이가 나는 것은 유전적 요인 때문이다. 동일한 환경에서 자란 형제 간 IQ 차이는 12점 정도로, 타인과의 평균 차이가 17점임을 보면 큰 차이라고 볼 수 있다. 즉, 환경적 요인이 크게 작용하지 않았다는 의미다. 이 때문에 많은 학자가 사회경제적 환경이 지능에 영향을 미치는 것은 사실이지만, 지속적으로 미치지는 않는다고 주장한다. 실제로 여러 연구 결과에 의하면 입양된 아동의 가정 환경이 지능에 약간의 영향은 미쳤지만 아이들이 성인이 되면서 이러한 영향력은 거의 대부분 사라졌다고 한다. 심지어 성장하면서 한 번도 만나본 적 없는 생물학적 부모의 IQ와 비슷해지는 경향을 보였다.

    그럼에도 불구하고 지능은 유전적 요인으로 결정되는가 아니면 환경적인 요인으로 결정되는가에 대한 논란은 수그러들 기세가 보이지 않는다. 게다가 최근 평균 IQ가 점점 높아지면서 논란에 기름을 붓고 있다.

앞서도 설명했듯이 IQ는 준거집단의 평균 IQ를 100으로 보고 한 개인의 IQ를 이와 비교해서 수치를 산정하는 방식으로 측정한다. 이때 준거집단의 절반 이상이 평균 IQ 영역대에 위치하고, 낮은 IQ 영역과 높은 IQ 영역은 끝으로 갈수록 적게 분포하는 양상을 보이는 것이 맞다. 그러기 위해서는 IQ 테스트 문제는 해마다 어려워져야 한다. 오늘날 평균 IQ 100인 사람이 1940년대에 IQ 테스트를 했다면 분명 훨씬 높은 지수가 나왔을 것이란 뜻이다.

왜 인간의 지능이 점점 높아지는지, 아니 최소한 IQ 테스트 점수가 높아지는지에 대해서는 확인된 바가 없기 때문에 이 상황이 인류가 한발 더 진화하는 환영할 만한 일인 것 같으면서도 동시에 두렵기도 하다. 대다수 전문가들은 자연선택설에 힘을 싣고 있다. 수세기 동안 부모가 부유한 아동들이 성인이 될 때까지 생존할 확률은 부모가 빈곤한 아동들에 비해 훨씬 높았다. 지능과 부의 연관관계를 인정한다면 지능이 높은 사람들의 유전자가 다음 세대로 전달될 확률이 높아지고 평균 지능도 점차 높아진다는 주장이 앞뒤가 맞다. 그러나 일부 학자들은 이러한 순환고리는 이미 끊어졌으며 곧 상황이 뒤바뀔 것이라고 예상한다.

예전에는 사회부유층이 자식을 많이 낳았지만, 최근에는 점점 자녀 계획을 뒤로 미루는 경향이 강해져 오히려 반대 현상이 일어나고 있다. 더욱이 의학이 발달하고 사회복지 시스템이 발달하면서 부족한 환경에서 태어난 아이들도 성인이 될 때까지 생존할 확률이 높아져 그들의 유전자가 후손에 전달될 확률도 높아지고 있다는 것이다. 그러므로 유전적 요인뿐만 아니라 환경적 요인도 인간의 지능이 향상되는 데 중요한 역할을 한다고 볼 수 있다.

지난 한 세기 동안 삶의 환경과 영양 상태가 좋아지면서 평균 신장만 증가한 것이 아니라 뇌의 기능 또한 향상되었다. 우리 일상생활 또한 이전 세대에 비해 큰 변화가 생겼다. 추상적 사고와 추론을 요하는 일은 훨씬 많아진 반면에 몸소 해야 하는 일들은 훨씬 줄어들었다. 예전에는 비누칠을 하고 빨래 방망이로 두드리거나 조심스럽게 손으로 주물러 빨래를 했다면 이제는 세탁기 버튼을 두어 번 누르고 다 됐다는 소리가 들리면 뚜껑을 열어 꺼내면 된다. 아마도 현대인에게 부싯돌로 불을 붙이라고 한다면 십중팔구 손을 다치거나 팔이 떨어져 나갈 것 같다며 불평을 할 것이다. 반대로 네안데르탈인에게 스마트폰을 쥐여 준다면 오늘 저녁으로 먹을 사냥감을 향해 던질지도 모른다. 이런 모든 환경적 요인들은 IQ 테스트가 측정하려는 유형의 사고력을 향상시키는 데 여러 세대에 걸쳐 기여했을 것이다.

IQ 테스트 결과를 받고 실망하는 사람들도 분명 있을 것이다. 그렇다면 다음 테스트에서는 더 좋은 점수를 받기 위해 노력할 수 있는 것들이 있을까? 솔직히 대답하자면 '별로' 없다. 일반적으로 직업 경력이나 경제적 여건과 상관없이 일단 성인이 되고 나면 IQ는 변하지 않는다. 혹시 IQ 테스트 방식이 또 바뀐다면 새로운 방법이 생길지도 모르겠지만 현재까지는 알려진 바가 없다.

지금까지 IQ가 높은 사람들이 IQ가 평균인 사람에 비해 성공할 확률도 높고 외모도 뛰어날 확률이 높다고 주절댄 마당에 이런 소식은 절망스러울 수도 있겠다. 그러나 필요한 곳에 제대로 된 노력을 투자한다면 상황은 달라질 수도 있다. 중국계 미국인, 일본계 미국인 그리고 미국 유대인들이 백인 미국인에 비해 사회적 성공을 거둔 비중이 높다는 보고가 있다. 예를 들어 IQ 100이라는 평균 지능을 가진 중국계 미국인이 IQ 120의 백인 미국인보다 성공할 확률이 더 높다는 것이다. 다시 말해 우리의 잠재력을 모두 끌어내기 위해 하는 노력은 잠재력 그 자체만큼 중요할 수 있다는 뜻이다.

이 연구 보고에서 힌트를 얻어 일부 심리학자들은 지능을 2가지 요인으로 나누었다. 이 중 하나인 **유동성지능**^{fluid}

intelligence은 치매가 발병하거나 뇌의 손상을 입지 않는 한 성인이 된 후에는 변동이 없으며 생물학적으로 인간의 뇌가 얼마나 잘 기능하는가와 관련이 있다. 또 다른 지능의 형태는 **결정성지능** crystallized intelligence이다. 결정성지능은 교육이나 경험 등을 통해 습득되는 지식이나 기술로 자신이 가지고 있는 것들을 최대한으로 활용할 줄 아는 능력과 관계가 있다. 비록 유동성지능은 바꿀 수 없다 하더라도 결정성지능은 매일매일 꾸준한 노력으로 향상시킬 수 있으므로 잠재력을 극대화할 수 있다.

사람은 적당히 똑똑해야 한다
영재의 이면

  일반적으로 학교 교육과정은 평균 지능을 가진 학생들을 위해 설계되었다. 그러므로 지능이 너무 높거나 낮은 학생들은 교육 과정에서 소외되는 경향이 있다. 사실 지능이 매우 높은 학생일수록 더 많은 주의와 관심을 필요로 한다. 자신은 듣자마자 바로 이해해버린 내용을 학급 친구들이 이해할 수 있도록 몇 시간에 걸쳐 가르치고 있다면 수업 시간이 지루하고 따분할 수밖에 없다. 지적 사고를 자극할 만한 내용이 없는 수업이 반복되면 학교 수업에 흥미를 잃게 될 것이고 결국 자신들의 잠재력을 발휘하는 데 실패하게 될 것이다.

  지능이 너무 높은 사람은 학교생활뿐만 아니라 사회생활에서도 어려움을 겪는다. 그 이유는 초기 IQ 측정 방식이 정신 연령을 실제 연령으로 나눈 수치에 100을 곱하는 식이었다는 것을 되짚어 보면 쉽게 이해할 수 있다. 다시 말해 실제 연령은 8살이지만 정신 연령은 13살인 어린이가 또래 중에서 마음이 통하는 친구를 찾는 일은 쉽지 않기 때문이다. 이쯤 되면 바이킹의 시 《고 에다》의 〈높으신 분이 말하기를〉이 가슴에 와닿을 것이다.

사람은 적당히 똑똑해야 한다.
너무 똑똑하면 안 된다.
지나치게 똑똑한 사람은
행복한 삶을 살 수 없다.

― 《고 에다》의 〈높으신 분이 말하기를〉 중에서

지구 반대편에서 벌어지는 뻔한 일
- 다른 문화, 같은 뇌

chapter
07

전전두엽 피질에 손상을 입으면 자기 자신을 통제할 수 없게 되어 오직 욕구에만 충실한 행동을 한다. 갑자기 다른 사람의 엉덩이를 꼬집고 싶은 충동이 들면 망설임 없이 엉덩이를 꼬집는다. 마트 진열대에 놓인 사과가 맛있어 보이면 그 자리에서 집어 들고 먹기 시작한다. 자신의 행동이 부적절한지 아닌지 생각하지 않고 하고 싶다는 생각이 들면 즉시 실행에 옮기는 것이다.

chapter 07

위대한 문화의 되물림
뭉치면 강해진다!

석기 시대 사람들은 왜 바위에 그림을 새겼을까? 오슬로 에케베르그에 있는 약 4~5천 년은 되었을 암각화를 보는 순간 아마 당신 또한 인간의 두뇌에 경의를 표할 수밖에 없을 것이다. 이 암각화를 그린 사람들은 동굴에 살며, 굶주리지 않으려면 매일매일 먹을 것을 찾아다녀야 했고 기대 수명이 30년 남짓밖에 되지 않았다. 그런데 그들은 도대체 왜 바위에 그림을 새기는 일에 그렇게 많은 시간과 수고를 아끼지 않았을까? 왜 먹고 사는 것보다 의미와 창의성 그리고 상상력에 그렇게 높은 가치를 두는 걸까?

일각에서는 언어를 사용하고 계획을 세우는 능력이 발달하면서 인류 문화가 발생했다고 주장한다. 대략 20만 년 전 호모 사피엔스가 이 땅에 첫발을 디뎠을 때로 추정된다. 그러나 실재하는 인류 문화의 증거는 고작 4만 년 전의 것이다. 손도끼와 정 그리고 낚시 바늘 같은 도구들이 여기에 해당한다. 낚시 바늘은 굉장히 단순해보이지만 이런 도구를 고안해내려면 약간의 추상적 사고가 필요하다. 이런 점으로 미루어볼 때 이때부터 인간은 지금과 비슷한 사고를 할 수 있었으며 비슷한 시기에 동굴 벽화를 그리기 시작했을 것이다. 사람, 동물, 배 등 이들이 그린 그림은 직선이나 사각형 모양으로 대략 형상만 묘사한 수준이라 성당의 천장화 같은 예술적 작품과 비교하긴 어렵지만, 중요한 문화 유산임에는 틀림없다.

사실상 우리의 언어, 행동양식, 관습과 전통에서부터 규칙과 규범, 도덕성에 이르기까지 혹은 정치, 경제, 종교, 스포츠에 이르기까지 우리를 둘러싼 거의 모든 것이 문화의 일부라고 볼 수 있다. 음악이라는 문화 장르가 모차르트의 〈돈 조반니Don Giovanni〉 같은 오페라뿐만 아니라 술자리에서 흥에 겨워 부르는 권주가까지 모두 아우르듯이 말이다. 사회는 다양한 구성원으로 구성되어 있기 때문에 문화 또한 다양하다. 그리고 세대가 넘어가면 기성세대는 이 문화를 다음 세대로 넘겨주는 역할을 한다. 문화는 학습하는 것이다.

대부분 사람이 집단을 이끄는 결정은 뛰어난 한 사람이 내리는 거라고 생각하지만, 개개인의 두뇌가 힘을 합치면 혼자서는 상상도 못할 것들을 이뤄낼 수 있다. 심지어 모두가 같은 시간, 같은 장소에 모이지 않아도 가능하다. 가령 누군가 바퀴를 발명하고 이 지식을 잘 전수해주기만 한다면 그 다음 세대는 다시 바퀴를 발명할 필요가 없다. 대신 바퀴의 질을 높인다. 그 다음 세대는 이 바퀴를 수레에 붙이고, 그 다음 세대는 자전거를, 그 다음 세대는 기차를, 그리고 그 다음 세대는 자동차를 개발한다.

인간 외에도 도구를 사용하는 동물은 많다. 그러나 그들 중 세대를 거치면서 도구를 개선시킬 수 있는 동물은 없다. 인간을 제외하고 협동과 공감이 가능한 동물은 없기 때문이다. 인간의 대뇌 피질에는 타인의 행동에서 자신을 발견하는 **거울뉴런**mirror neuron이 있다. 거울뉴런은 내가 뺨을 긁을 때도 활성화되지만 다른 사람이 뺨을 긁는 모습을 보기만 해도 활성화된다. 여러 연구들은 거울뉴런이 사회적 이해심을 높이고 공감대를 형성하는 데 중요한 역할을 수행한다고 주장한다. 바로 이 거울뉴런 덕분에 인간이 세대를 거치면서 문화를 전수하고 학습하고 또 발달시킬 수 있었던 것이다.

인간만이 갖고 있는 또 다른 능력은 말하고, 읽고 쓸 수 있는 능력이다. 덕분에 상호작용과 협동이 더 수월하고 효과적이다. 고도로 발달된 사고력과 언어 능력은 더 이상 본능의 노예로 살지 않아도 된다는 의미다. 덕분에 인간은 자기 자신에게 질문을 던지고 스스로 판단하며 자신이나 타인에 대한 행동방식을 교정하고 규칙을 만들고, 궁극적으로는 문명화된 사회를 조직한다. 지금 우리가 생각하고 말하고 이해하는 방식은 인간의 다양한 문화가 오랜 시간 동안 만들어낸 사회규칙, 규범과 가치의 결과물인 셈이다.

제재냐 존중이냐
규칙과 발전이 공존하는 법

갓 태어난 아기는 한동안 눈도 제대로 뜨지 못하고 눈을 맞추지도 못하지만 이내 부모의 행복한 얼굴을 보면 미소 짓고, 야단치는 목소리에 울음을 터트리는 등 타인의 표정 변화와 목소리에 반응할 수 있게 된다. 그 짧은 기간 동안 자신을 둘러싼 환경으로부터 감각 정보의 폭격을 받는 셈이다. 이 감각 정보를 받은 신생아의 뇌 속 뉴런은 감각 정보를 각각 적합한 영역으로 보낸다. 그렇게 뇌는 셀 수 없이 많은 신경망을 생성하기 시작한다. 태어날 당시에 약 2천5백 개에 불과했던 시냅스가 2~3세가 되면 시냅스 하나당 약 1천5백 개의 새로운 시냅스를 생성한다. 무려 1,500배나 늘어나는 것이다!

아이는 이후에도 계속해서 성장하며 규범과 규칙에 어긋나지 않게 말하고 사고하는 방법을 배우게 된다. 즉, 외부 환경이 뇌 기능에 영향을 미치면 뇌 기능은 다시 외부 환경에 영향을 미친다. 이런 사회화 과정을 거치면서 인간은 다른 동물과 달리 유전적으로 내재된 본능을 적절하게 숨기거나 표출할 수 있게 된다. 마치 톱니바퀴가 맞물려가는 것처럼 뇌 덕분에 문화가 생기고 문화 덕분에 뇌가 성장하는 식이다. 덕분에 오늘날 다양한 문화들이 서로 공존할 수 있게 되었다.

다양한 문화가 공존하기 위해선 기본적으로 사람마다 생각과 행동양식이 다르다는 사실을 이해해야 한다. 이 사실을 이해하는 순간, 아이들은 성숙한 어른의 세계로 한발 내딛는 역사적인 순간을 맞이한다. 일반적으로는 3~4세에 이러한 경험을 하지만 성인이 될 때까지 경험하지 못하는 사람도 있다. 얼핏 성인이 될 때까지 이걸 경험하지 못하면 미성숙한 것이라고 느껴질 수도 있지만, 모든 사람이 아동기 때 문화의 다양성을 이해하고 인정하는 법을 깨우친다면 지금 각 나라의 대표는 대통령이나 총리가 아닌 부족장이었을 것이며 호주에서는 크리켓 볼을 던지며 노는 대신 부메랑을 던지며 놀고 있을 것이다. 사회화 과정은 '나'와 같은 사람은 문명화되고 정상적인 사람이며 그렇지 않은 사람은 이상하고 야만적인 사람이라고 생각하게끔 만들기 때문이다.

실제로 지금도 어떤 문화에서는 여자가 머리카락을 드러내는 것은 부적절한 행동이라고 가르치는 반면 또 다른 문화에서는 모자 속에 머리카락을 감추는 것은 예의에 어긋

나는 행동이라고 가르친다. 이런 문화적 규범은 구성원을 억압하기도 하지만 사회라는 거대하고 복잡한 기계를 돌아가게 하는 윤활유 역할을 하기도 한다.

때로는 성숙한 전전두엽의 도움을 받아 자신만의 지극히 개인적인 규범을 만들어내기도 한다. 전전두엽이 성숙하려면 보상신경전달물질인 도파민이 적당량 필요하다. 도파민 수치가 왔다 갔다 하면 충동적인 성격이 되거나 산만한 성격이 된다. 전전두엽의 발달이 미숙하면 반사회적 인격장애를 유발할 확률이 높을 뿐만 아니라 심각한 범죄를 저지를 확률도 높다는 연구 결과가 보고되기도 했다.

전전두엽 피질에 손상을 입으면 자기 자신을 통제할 수 없게 되어 오직 욕구에만 충실한 행동을 한다. 갑자기 다른 사람의 엉덩이를 꼬집고 싶은 충동이 들면 망설임 없이 엉덩이를 꼬집는다. 마트 진열대에 놓인 사과가 맛있어 보이면 그 자리에서 집어 들고 먹기 시작한다. 자신의 행동이 부적절한지 아닌지 생각하지 않고 하고 싶다는 생각이 들면 즉시 실행에 옮기는 것이다.

이처럼 전전두엽의 발달 문제로 범죄를 저지른 이들에게 문화적, 사회적 규범을 내세워 책임을 물을 수 있느냐 없느냐를 두고 여전히 갑론을박이 펼쳐지고 있다. 그럼에도 사회는 규범을 기반으로 더 좋은 방향으로 나아가는 중이라는 것만은 사실이다. 물론 아직도 가야 할 길이 멀지만 우리가 복잡하고 밀집된 사회에 살고 있으며 협력과 협상 그리고 관용이 없으면 이 사회는 무너지고 말 것이라는 것을 깨닫기만 해도 충분히 훌륭한 시작이다.

우뇌를 자극하면 창의력이 발달한다?
외부 자극과 창의성

이야기는 삶을 풍요롭게 한다. 뇌는 이야기를 창작할 수도 있고 듣고 이해할 수도 있으며 다음 세대로 전달할 수도 있다. 그리고 이 이야기들은 다시 뇌를 발달시키는 데 기여한다.

심리학자 도널드 헤브 Donald Hebb는 애완동물로 키운 쥐가 실험용으로 키운 쥐보다 문제해결 능력이 더 뛰어나다는 사실을 발견했다. 이 현상을 보다 깊이 연구한 학자들은 외부환경으로부터 자극을 많이 받을수록 뇌의 발달에 긍정적인 영향을 미친다는 사실을 증명했다. 우리에 쳇바퀴나 사다리 같은 구조물만 넣어주어도 뇌에 훨씬 많은 시냅스가 생성되었으며 대뇌 피질의 두께가 증가했다. 그뿐만 아니라 새로운 뉴런도 생성된다고 보고되었다. 심지어 쥐에게도 이런 변화가 생겼는데 외부자극을 고려해 디자인된 초등학교 건물이 아이들의 두뇌 발달에 미칠 영향력을 상상해보라. 이와 유사하게 책과 음악, 연극, 건축예술품같이 문화가 제공하는 다양한 자극에 많이 노출될수록 치매의 발병을 지연시킬 수도 있다. 지적인 힘을 비축할 수 있기 때문이다.

이 같은 자극은 인간이 창의성^{creativity}을 발휘하게 한다. 창의성의 놀라운 결과물 중 하나가 바로 상상력이다. 바스콘셀로스의 소설 《나의 라임 오렌지 나무》는 아이들의 상상력이 어디까지 확장될 수 있는지를 여실히 보여준다. 주인공 제제는 형과 누나가 먼저 크고 멋진 나무를 고르는 바람에 딱 하나 남은, 볼품없고 작은 라임 오렌지 나무를 가지게 된다. 그러나 제제는 이내 나무에 '밍기뉴'라는 멋진 이름을 지어주고 밍기뉴와 함께 서부를 달리기도 하고 고민도 털어놓고 서로를 위로해주는 사이가 된다. 이런 상상력은 오직 인간만이 가질 수 있는 능력이다.

오랫동안 많은 학자가 창의성은 우뇌에 있다고 주장해왔다. 덕분에 우뇌를 발달시키는 여러 프로그램이 우후죽순처럼 생기던 때도 있었다. 하지만 정말 그럴까? 실제로 창의성을 발휘하는 동안 뇌에선 무슨 일이 일어나고 있는지 MRI와 PET 스캔이라는 현대 영상 기술의 힘을 빌려서 살펴보자. MRI는 문제해결을 할 때 혈류가 뇌의 어느 영역으로 가장 많이 이동하는지를 보여주고 PET 스캔은 어느 영역에서 가장 많은 혈당을 소모하는지를 보여준다. MRI와 PET 스캔으로 뇌를 관찰하자 운동, 촉각, 언어와 관련된 활동을 하면 뇌의 특정 부분이 고도로 활성화되는 것을 관찰할 수 있다. 그러나 창의적 활동을 할 때는 대뇌 피질의 여러 영역이 동시에 활성화되었다. 활성화되는 영역을 살펴보면 얼핏 우뇌의 전전두엽 피질이 좌뇌의 전전두엽 피질보다 더 활발한 것처럼 보이지만 단순히 좌뇌의 전전두엽이 언어적 활동에 전념하기 때문에 그렇게 보이는 것일 뿐이다. 창의적 활동을 하는 동안 좌뇌의 전전두엽 피질을 제외한 전두엽의 대부분 그리고 두정엽은 우뇌 못지않은 활약을 하고 있다. 다시 말해 창의성은 좌우뇌반구를 모두 활용하는 것이다.

앞서 언급했듯이 뇌는 끊임없이 쏟아지는 감각 정보들이 의식에 도달하기 전에 걸러내는 역할을 한다. 지금 당면한 과제에 집중할 수 있게 해주기 위해서다. 그러나 창의적이 되기 위해서는 당장은 가치나 쓸모가 없어 보이는 감각 정보와 기억도 들어올 수 있도록 활짝 열어 놓아야 한다. 이런 과정을 통해서 얼핏 보기에는 아무 상관이 없어 보이는 것들에 연관성을 부여할 수 있다. 참고로 창의성을 발휘하기 위해서는 일정 수준의 지능과 비판적 사고가 필요하지만, 반드시 지능이 높고 사고 방식이 남달라야만 창의적인 분야에서 성공하는 것은 아니다. 전 세계적으로 천재적 예술가라고 칭송받는 앤디 워홀^{Andy Warhol}의 IQ는 86이었다.

'모차르트 효과'의 진실
음악이 뇌에 미치는 영향

한 연구에서 학생들에게 모차르트 음악을 들려주고 공간지각을 시험하는 문제를 풀게 하자 시작하고 15분 동안 문제해결 능력이 향상되었다는 결과를 발표했다. 이 연구 결과가 발표되자마자 사람들은 레코드 가게로 몰려가 모차르트 앨범을 샀다. 임신한 여성들은 태어날 자식이 똑똑해지길 바라며 태교 음악으로 모차르트 노래를 틀었고 미국 조지아 주(州)의 주지사는 조지아에서 태어나는 모든 신생아에게 클래식 음악 CD를 지급했다. 심지어 수경재배 하는 식물에게 파이프를 통해 모차르트 음악을 들려주었더니 노폐물을 분해하는 박테리아가 활성화되어 노폐물이 더 빠른 속도로 분해되었다고도 보고했다. 거기서 한발 더 나아간 한 연구에서는 어미 쥐의 뱃속에 있을 때 모차르트 음악을 들은 쥐는 미로에서 길 찾는 능력이 다른 쥐에 비해 뛰어나다는 결과까지 발표했다. 이를 가리켜 사람들은 모차르트 효과Mozart Effect라 불렀다.

이때 사람들이 가장 주목했던 모차르트의 음악은 〈두

대의 피아노를 위한 소나타 K.448번〉이었다. '모차르트 효과'를 신봉하는 사람들은 이 곡이 특히 심장박동과 뇌파 같은 인체의 자연적인 리듬과 조화를 잘 이룬다고 주장했다. 또한 일부 소규모로 진행된 연구에서는 이 작품이 전통적인 약물 치료법이 듣지 않는 특정 유형의 뇌전증 치료에 효과가 있다고 주장하기도 했다.

그러나 이런 다각적인 노력에도 불구하고 첫 번째 연구를 제외하고는 이렇다 할 성과를 낸 것은 아무것도 없었다. 회의론자들은 모차르트 효과가 영리한 마케팅 전략일 뿐이라고 주장했다. 실제로 모차르트의 음악이 유익하다는 걸 증명하기 위해선 추가적인 연구가 필요하겠지만 최소한 모차르트의 음악을 듣고 부작용을 일으킨 사람은 없지 않은가? 비록 모차르트의 소나타를 듣는다고 더 영리해진다는 증거는 없지만, 음악을 학습하는 것이 아이들의 지능을 향상시킬 수는 있다. 물론 모든 학습이 지능에 긍정적인 영향을 미치므로 당연한 이야기겠지만. 그러므로 아이돌의 최신 앨범을 통째로 외우든 '반짝 반짝 작은 별'을 리코더로 부는 법을 배우든 그 효과는 크게 차이 나지 않을 것이다.

특정한 음악에 대한 선호도는 개인의 정체성을 구성하는 중요한 요소다. 그렇다면 어떤 사람들이 클래식 음악을 들을까? 좀 더 정확히 질문하자면, 어떤 사람들이 클래식 음악을 듣는다고 '주장'할까?(이렇게 표현하는 이유는 이런 질문은 응답의 진위여부를 확인할 방법이 없어 그저 신뢰하는 수밖에 없기 때문이다) 영국의 한 연구 결과에 따르면 클래식을 듣는 사람들은 힙합이나 팝을 듣는 사람들에 비해 교육수준이 높고 와인을 즐겨 마신다고 한다. 이들이 클래식 음악을 들어서 교육수준이 높은 건지 아니면 교육수준이 높은 사람들이 주변 사람들의 습관을 따라 하고 있는 건지 구별하기는 쉽지 않다.

실제로 음악이 삶에, 정확히는 뇌에 영향을 미칠까? 물론 아직 정확하게 답을 내리진 못하지만, 많은 음악가와 뇌과학자들이 협력하여 이 질문에 대한 답을 찾으려 흥미로운 연구 프로젝트를 진행 중이다. 명백한 답은 없지만, 최소한 뇌가 외부자극에 영향을 받기 쉽다는 것은 알고 있다. 음악도 예외는 아니다. 그렇다면 어떻게 한 곡의 음악이 누구에게는 소음이 되고 누구에게는 감동의 눈물을 흘리게 하는 걸까?

노래를 흥얼거린다는 것은 어떻게 보면 그저 음정을 넣어 말을 하는 거라고 볼 수 있지만, 뇌는 노래와 말하는 것을 똑같이 해석하지 않는다. 뇌졸중으로 말을 하지 못하게 되어도 노래는 할 수 있다는 뜻이다. 한때 언어는 좌뇌에서 담당하고 음악은 우뇌에서 담당한다는 오해가 있었으나 지금은 박자와 가사는 좌뇌가, 멜로디는 우뇌가 담당한다는 사실이 밝혀졌다. 고막을 통해 들어온 소리는 먼저 측두엽의 청각피질을 거쳐서 좌우뇌반구의 여러 영역으로 전달된다. 이 영역들이 하나의 팀처럼 협력해서 우리가 지금 듣고 있는 것이 무엇인지 인식하는 것이다. 한편 변연계는 소리와 감정을 연결시켜서 이 소리를 계속 들을 것인지 말 것인지를 결정하는 데 중요한 역할을 한다. 즉, 음악은 감정에도 영향을 미친다. 그래서 어떤 음악을 선호하느냐가 조금씩 바뀔 수 있는 것이다. 음악을 들을 때의 환경이나 기분에 따라서도 변할 수 있다. 모차르트의 음악을 듣든 레이디 가가의 노래를 듣든 음악은 다른 동물들에게서는 찾아볼 수 없는 방식으로 인간의 뇌에 영향을 미친다.

음악을 들을 때마다 사랑과 욕망의 중추라 불리는 측좌핵이 활성화되고 뇌간에 있는 뉴런은 도파민을 분비한다. 이런 신호전달체계를 **보상체계** reward pathway라고 한다. 보상체계는 다양한 경로로 활성화되는데 그중에서도 도파민은 단것을 좋아하는 사람이 초콜릿을 먹을 때, 누군가 당신의 인스타그램에 '좋아요'를 누를 때, 마음에 쏙 드는 노래를 발견했을 때 분비된다. 또 매일 듣던 노래보다 마음에 쏙 드는 새로운 노래를 들을 때 훨씬 많은 도파민이 분비되기도 한다. 행복의 호르몬이라고도 불리는 이 도파민 덕분에 지루하게 반복되는 일을 할 때 음악을 들으면서 하면 훨씬 더 잘 그리고 더 빨리 끝낼 수 있다.

심지어 장르 불문하고 어떤 음악이든 이런 효과를 볼 수 있다. 가끔 수술방에서 음악을 들으며 수술을 하는 경우도 있다. 자신의 실력에 자신이 있다면 수술 같이 정신적 부담이 큰 일을 할 때 배경음악을 깔고 하는 것도 괜찮다. 이런 배경음악은 창의성까지 높여주기 때문이다. 실제로《미국의학협회저널》을 비롯한 몇몇 저명한 저널에 조용하게 집중해서 수술을 하는 것보다 자신이 좋아하는 음악을 틀고 수술을 하면 훨씬 더 정확하고 빠르게 수술을 했다는 논문이 실리기도 했다.

사실 여기에는 음악 장르와 상관없이 좋아하는 음악을 들으면 긴장이 완화된다는 이유도 있다. 집중해야 하는 상황에선 자주 듣던 노래를 들어야 일이 손에 잡힌다. 따라서 공부나 일을 할 때는 즐겨 듣던 노래를 듣는 게 좋다. 새로운 노래가 듣고 싶다면 연주곡이나 가사가 최대한 적은 곡으로 선택해서 주의가 흐트러지는 것을 방지하는 게 좋다. 물론 새로운 언어를 공부한다든지 어려운 퍼즐을 푸는 등 집중력이 필요한 일을 할 때는 방해될 수 있으니 음악을 꺼야 한다.

다른 문화, 같은 신
다른 문화권에서 만난 익숙한 스토리텔링

전 세계의 거의 모든 문화에 빠지지 않고 등장하는 것이 있다. 신, 즉 종교다. 일각에서는 종교가 있는 사회는 진화론적인 측면에서 유리하다는 의견도 있다. 종교는 신을 인간의 일거수일투족을 지켜보는 강력한 존재로 표현함으로써 구성원들의 이기적이고 반사회적 행동을 억제하는 역할을 하기 때문이다. 그렇게 인간은 신들을 두려워하며 사회규범에 복종한다.

고대 그리스인이 처음으로 민주주의를 정립하던 시기에 바이킹의 조상들은 동물들을 제물로 바치며 그 피를 온몸에 뒤집어썼다. 어떻게 보면 완전히 상반된 문화를 발달시킨 것 같지만 세세히 보면 실상은 그렇게 다르지 않았다. 그리스인들도 동물들을 제물로 바쳤으며 바이킹이 밤낮으로 맥주를 부어라 마셔라 하는 동안 그리스인들은 아마도 포도주를 들이켜고 있었을 것이다. 그들의 신도 그렇게 다르지 않았다. 이들이 모시는 신들의 가장 큰 공통점은 당시 인간의 상식으로는 이해할 수 없는 자연현상이나 사건과 관계가 있다는 것이다.

천둥과 번개를 예로 들어보자. 북유럽 사람들은 토르Thor가 염소가 끄는 마차를 타고 하늘을 가로지르며 묠니르라는 망치를 휘두를 때 천둥이 친다고 믿었다. 그리스 아이들은 제우스Zeus가 전쟁에 승리하기 위해 강력한 권능을 상징하는 번개를 사용하게 되었다고 배운다. 로마인들은 주피터Jupiter가 적들과 맞서 싸울 때 번개를 던져서 천둥번개가 친다고 믿었다. 힌두인들은 인드라Indra가 황금마차를 타고 하늘을 건너면서 번개를 상징하는 바즈라(금강저)를 휘둘러 번개를 소환한다고 믿었다. 마치 전 세계 모든 문화권에서 같은 신을 보고 묘사를 한 것처럼 유사하지 않은가? 물론 인드라의 황금마차가 토르의 염소 마차보다 화려하다고 묘사되어 있을 수 있고 제우스의 번개가 주피터의 번개보다 조금 더 다용도로 활용된다는 차이 정도는 있지만, 완전히 다른 곳, 다른 환경에서 놀라우리만치 유사한 신화를 만들어냈음은 누구도 부인할 수 없을 것이다.

오래된 신화들이 사라진 곳에서는 새로운 신들이 자리를 차지했다. 일부 종교역사학자들은 유대인의 신, 기독교의 신 그리고 이슬람의 신이 모두 하나이며 이 신은 예전 신화에서 천둥과 번개를 담당한 신에서 유래했다고 주장한다. 어찌 되었든 사람들은 이번에는 전지전능한 유일신에게 믿음을 바치기로 다시 한번 뜻을 모은 것이다.

　이와 유사한 패턴은 전 세계의 동화에서도 나타난다. 그 예로 그림 형제의 동화 〈신데렐라〉는 한 소녀가 왕자를 만나서 고된 노예와 같은 생활에서 벗어난다는 점에서 노르웨이의 〈케이티 부덴클로아크 Katie Woodencloak〉 그리고 한국의 〈콩쥐팥쥐〉와 매우 유사하다. 다만 국가에 따라 도움을 받는 대상이 다른데, 그림 형제 버전에서는 비둘기, 노르웨이 버전에서는 황소, 샤를 페로의 프랑스 버전에서는 요정 대모, 한국에선 두꺼비와 암소의 도움을 받았다는 점이 다르다. 이외에 지구 반대편에 있는 완전히 다른 문화권임에도 마녀, 용, 유령, 요정 등 비현실적인 주제를 다룬 이야기까지 비슷한 경우도 흔하게 찾아볼 수 있다.

미치거나 빛나거나
천재와 정신질환 그 사이

컴퓨터나 스마트폰을 사용하다 보면 가끔 오류가 생기기도 한다. 기능이 워낙 많은 데다 복잡한 부품들이 가득 들어 있기 때문이다. 뇌도 마찬가지다. 기능이 많고 복잡하기로는 컴퓨터나 스마트폰보다 더한 인간의 뇌 역시 가끔 연결 오류가 생기기도 한다. 이런 현상은 극도로 창의적인 예술가들에게서 극단적으로 드러나는데, 덕분에 이들은 천재적이라고 칭송받는 동시에 미쳤다는 손가락질을 피할 수 없다.

친구와 대화를 할 때 굳이 말을 끝까지 듣지 않아도 무슨 말을 하고 싶어하는지 대략 파악할 수 있는 것, 가게마다 다른 음악이 흘러 나오고 아이들이 뛰어다니고 시끄러운 쇼핑몰 안에서도 일행과 차분하게 대화가 가능한 것 등 동시에 여러 가지 상황이 벌어져도 필요한 일에만 집중할 수 있는 이유는 뇌간 끄트머리에 있는 대뇌 피질과 시상이 들어오는 정보를 걸러내기 때문이다. 이렇게나 중요한 일을 하지만, 안타깝게도 시상이 뇌에서 가장 정교한 기관은 아니다. 그래서 일을 단순화하기 위해 대부분의 정보를 그냥 차단해버리는 방식으로 감각기관의 과부하 문제를 해결한다. 세상을 보는 시각이 비슷비슷한 이유가 이 때문이다.

최근 스위스에서 있었던 한 연구에서는 고도로 창의적인 사람들과 조현병 환자들의 공통점을 발견했다. 바로 다른 사람들에 비해 시상에 존재하는 도파민 수용기가 훨씬 적다는 것이다. 즉, 외부에서 들어오는 정보를 상대적으로 비효율적으로 걸러내기 때문에 보통 사람은 절대 경험할 수 없는 감각 정보를 끌어들이고, 느낄 수 없는 감정을 느낀다. 이를 바탕으로 놀라운 수준의 창의력을 발휘하거나 이례적인 세계관을 가지게 된다. 실제로 고도로 창의적이라 불리는 예술가 중 한 명인 고흐Vincent van Gogh는 정신병원에 수감되어 있는 동안 그의 작품 중 가장 대담한 작품들을 완성했으며 뭉크Edvard Munch 역시 자신의 병든 몸과 신경질적인 성격이 아니었다면 작품도 존재하지 않았을 것이라고 했다. 고흐가 신경쇠약을 앓지 않았다면 〈별이 빛나는 밤The Starry Night〉은 다르게 해석되었을 것이고 뭉크가 불안증에 시달리지 않았다면 〈절규Scream〉는 존재하지 않았을 것이다.

창의성과 정신질환 사이의 연관관계를 탐구하는 것은

흥미롭고 새로운 주제다. 물론 이 연구 결과를 제대로 뒷받침하기 위해선 여러 후속 연구가 필요하겠지만, 그럼에도 이들의 발견은 왜 누구는 창의적 천재가 되고 누구는 존재하지 않는 것을 보고 듣는 정신질환자가 되는지 혹은 동시에 이 둘 모두가 되는지에 대한 해답에 다가가는 데 실마리가 되었다.

chapter
07

지구 반대편에서 벌어지는 뻔한 일 – **다른 문화, 같은 뇌**

'내'가 아니라 '뇌'가 먹고 싶어 해서…
- 밥상 위 뇌과학

chapter 08

놀랍게도 우리가 무엇을 먹을 것인지 결정하는 것은 바로 뇌다. 그런데도 브로콜리나 시금치 같은 건강한 초록 풀만 하루종일 먹고 싶다고 느끼기는커녕 설탕 덩어리나 기름진 고칼로리 음식이 당기는 게 지극히 일반적이다. 이는 뇌의 원시적인 부분에서 달고 짠 음식을 갈망하기 때문이다. 심지어 때로는 이런 것들을 먹어야 할 핑계도 만들어 낸다. 만약 마트에 갔을 때 과자 진열대나 아이스크림 냉동고 앞을 어슬렁거리고 있는 자신을 발견하면 뇌를 탓하라.

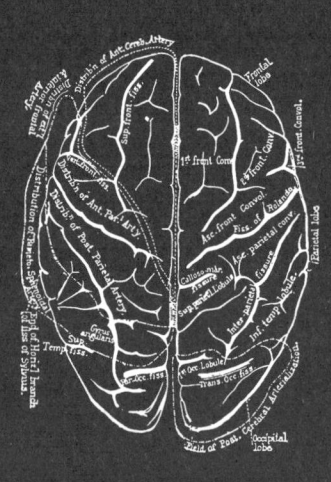

치킨이 당기는 건 본능이다
고칼로리를 갈구하는 뇌의 진화사

지금까지 신맛, 쓴맛, 단맛, 짠맛 그리고 감칠맛을 감지하는 것은 혀에 있는 **미뢰** taste buds 라고 알려졌었다. 그러나 실제로 맛을 감지하는 기관이 미뢰가 아니라 **구개** palate 라는 보고가 있었으며 최근에는 창자에서도 단맛을 감지할 수 있다는 연구 결과가 있었다. 이 연구들의 핵심은 미뢰가 혀에 있든 창자에 있든 미뢰만으로 음식의 맛을 완전히 느낄 수는 없다는 것이다. 심지어 뇌가 아니면 우리는 냄새를 맡을 수도, 맛을 느낄 수도 없었을 것이다. 맛과 향은 뇌가 감각 정보를 해석할 때에야 비로소 의미를 갖기 때문이다.

우리가 음식을 먹기 전부터, 뇌의 여러 영역은 서로 메뉴를 고르겠다고 아우성이다. 편도체와 해마는 협력하여 마지막으로 햄버거나 감자칩을 먹었을 때 느꼈던 기쁨을 기억해내고 뇌섬엽은 보상체계를 강화시킨다. 그사이 전두엽은 이 모든 것을 취합해 '오늘 하루 종일 바쁘고 피곤했으니 햄버거에 감자튀김을 실컷 먹고 기운내자!'라는 핑계를 생각해낸다. 아니면 반대로 '요즘 인스턴트 식품을 너무 많이 먹었으니 건강을 위해서 샐러드를 먹어야 한다'라고 당신을 설득할 수도 있다.

　결론적으로 우리가 무엇을 먹을 것인지 결정하는 것은 바로 뇌다. 그런데도 튼튼한 몸을 위해 브로콜리나 시금치 같은 건강한 초록 풀만 하루종일 먹고 싶다고 느끼기는커녕 설탕 덩어리나 기름진 고칼로리 음식이 당기는 게 지극히 일반적이다. 이는 뇌의 원시적인 부분에서 달고 짠 음식을 갈망하기 때문이다. 심지어 때로는 이런 것들을 먹어야 할 핑계도 만들어 낸다. 만약 마트에 갔을 때 과자 진열대나 아이스크림 냉동고 앞을 어슬렁거리고 있는 자신을 발견하면 뇌를 탓하라.

　진화론적인 견지에서 보면 짠맛에 끌리는 건 미네랄을 보충하기 위해서고, 감칠맛에 끌리는 건 고기를 통해 충분한 단백질을 공급받기 위해서다. 또한 달고 지방함량이 높은 음식에 끌리는 것은 즉각적인 에너지원이 필요하거나 영양분을 비축할 필요가 있다고 판단했기 때문이다. 달콤하고 지방함량이 높은 음식을 먹을 때마다 쏟아져나오는 도파민도 이 사태를 거든 장본인이다. 물론 지금은 마음만 먹으면 마트로 달려가 4계절, 24시간 내내 원하는 걸 사먹을 수 있지만, 사냥에 실패하면 며칠이고 굶을 수도 있었던 원시인류에게는 체내에 지방을 축적하는 능력은 건강의 위협 요소가 아니라 생존에 유리한 것이었다.

　진화론적으로는 오늘날 비만, 성인병, 당뇨 등 여러 건강 문제를 야기시키는 식습관은 인간의 뇌가 더 크고 정교하게 발달하는 데 크게 이바지한 고마운 습관이다. 조금 과장해서 말하면 인간이 지구상에서 지배적인 위치를 차지하게 된 것은 식습관 때문이라고도 할 수 있다. 인간의 장기 중 가장 무거운 뇌는 당연히 다른 어떤 장기보다 많은 에너지를 필요로 하기 때문이다. 원시인류는 뿌리 채소와 과일 같은 저열량 식품을 주로 섭취했지만, 평범하게 하루 일과를 보내는 데는 충분했다. 만약 이들의 뇌 크기가 현대인과 비슷했다면 하루종일 먹기만 했을 것이다.

　이들의 뒤를 이어 출현한 호모 하빌리스는 불을 다룰 수 있었다. 덕분에 감염으로 죽을 걱정 없이 고기를 먹을 수 있었던 것은 물론이고 음식을 익힌 덕분에 얻을 수 있는 에너지량도 증가했다. 따라서 더 적은 양의 식사로도 필요한 에너지를 채울 수 있게 되었고 자연히 음식을 구하는 데만 집중하지 않아도 되었다. 이후 신인류인 호모 사피엔스가 등장하기까지 원시인류의 작은 뇌는 고열량 음식을 섭취하면서 지속적으로 커졌다. 현대인에겐 건강의 적이라 불리는 고열량 음식이 뇌 입장에선 무럭무럭 클 수 있게 만들어준 고마운 음식이었던 것이다.

다시 말해, 뇌는 항상 배가 고프다. 어쩌면 지구 역사상 가장 영리한 종으로서 치러야 하는 대가일 수도 있다. 아직도 뇌의 원시적인 부분은 20만 년 전 그때처럼 먹을 것이 부족하다고 잘못 인식하고 있다. 뇌는 진화의 산물이며 진화는 아주 느린 과정이기 때문이다. 어떻게 보면 뇌의 일부는 인간의 발전 속도에 따라오지 못하고 시대에 뒤처졌다고 볼 수 있다. 지난 1만 년 동안 아주 천천히 발전을 거듭한 농업 기술의 발전 속도보다도 훨씬 느린 셈이다. 그래서 아직도 뇌는 해로운 게 명백한 고열량 음식을 찾아 치아를 썩게 하고 뱃살을 늘리고, 지방을 뇌 혈관벽에 플라그처럼 쌓아서 뇌졸중을 일으킬 수도 있고 혈관성 치매로 이어지게도 한다. 궁극적으로는 뇌 자신을 죽이는 것이다.

이렇게 말하고 보니 마치 돌도끼를 쓰던 시절 원시인류의 뇌와 현대인의 뇌 사이에 발전이라곤 없는 것처럼 들리겠지만, 다행히 뇌의 일부 영역은 고도로 발달했다. 바로 대뇌 피질과 전전두엽 피질이다. 대뇌 피질과 전전두엽 피질은 막무가내로 고칼로리 음식을 입에 쑤셔넣고 싶은 원초적 욕구에 저항할 힘을 준다. 초콜릿과 감자칩이 몸에 얼마나 해로운지를 떠올리는 방법으로 말이다. 학습이야말로 원초적 욕망을 잠재우는 열쇠다. 학습 덕에 현대인들은 무엇이 몸에 이롭고 해로운지를 잘 알고 있다. 따라서 뇌의 어느 영역이 사리분별 없이 기름진 설탕 덩어리를 입에 넣고 싶다는 충동을 느끼게 해도, 또 다른 영역이 단것을 먹었을 때 분비되는 도파민 효과를 무효화함으로써 욕구에 굴복하지 않도록 도와준다. 이런 균형을 잡으려는 시도가 없었더라면 우리는 지금쯤 식품 산업계의 노예가 되어 체중계에 올라가길 극도로 거부하고 있을 것이다.

똑똑, 냄새입니다
독극물 탐지기, 후각

    노르웨이의 신경학자 아레 브레안$^{Are\ Brean}$은 인간이 항상 두 가지 원초적 본능에 의지해 산다는 이야기로 강의를 시작한다. 여기서 그가 말하는 두 가지 원초적 본능은 식욕과 성욕이다. 식욕은 개인이 생존할 수 있는 방편이며 성욕은 종이 생존할 수 있는 방편이다. 성욕과 식욕에는 한 가지 공통점이 있다. 외부 물질을 몸의 경계 안에 받아들인다는 것이다. 몸 안으로 무언가를 받아들이는 행위는 언제나 위험을 수반한다. 그러나 뇌는 수백만 년의 경험을 바탕으로 이런 위험 요소들로부터 몸을 안전하게 지키는 방법을 깨우쳤다. 입 속으로 무언가 들어올 때마다 독성은 없는지, 영양학적으로 가치가 있는지를 확인하는 것이다. 이때 문지기 역할을 하는 것이 바로 후각이다.

    이렇게 중요한 역할을 하는데도 후각은 과소평가받기 일쑤였다. 물론 인간에 비해 2배나 많은 후각 유전자를 가진 개보다는 못하겠지만, 후각 정보를 해석하는 뇌의 능력이 워낙 뛰어나기 때문에 인간의 후각이 개의 후각보다 훨씬 정교하다. 개들은 맛있는 냄새, 잠재적 번식 파트너, 적이라는 간단명료한 냄새만 맡을 수 있다면 인간은 맛있는 냄새, 봄 냄새, 젖은 풀 냄새 등 더 복잡하고 미묘한 냄새를 맡을 수 있다.

  게다가 인간은 냄새로 독성을 파악할 수 있을 뿐만 아니라 시각적 도움을 받아 청록색의 곰팡이를 식별해낼 수 있다. 그렇다고 독성이 느껴지는 후각 정보와 청록색 시각 정보가 들어오면 무조건 독극물이라고 경계하는 것은 아니다. 예를 들어 누군가 우연찮게 곰팡이 핀 치즈를 먹었고 몸에 아무런 영향을 미치지 않을뿐더러 심지어 맛있다는 사실을 발견했다면 최소한 치즈에 핀 곰팡이에 대한 두려움은 벗어버린다. 소금에 절여 삭힌 연어나 한국인들의 필수 반찬인 배추를 절이고 숙성시킨 김치도 그렇다. 통제되고 위생적인 방식으로 잘 조리된 음식은 고약한 냄새를 풍겨도 아무런 해를 끼치지 않는다는 사실을 학습한 것이다.

왜 너는 뇌과학을 만나서 왜 나를 살찌게만 해
마트의 유혹

고된 하루를 보낸 날, 집으로 돌아와 나에게 주는 보상이라며 기름진 음식을 배달시켰다거나 설탕이 잔뜩 들어간 음료를 들이켰다거나, 짜고 매운 음식을 입안에 마구 욱여넣은 적이 있다면 뇌가 그 음식들을 먹음으로써 무언가 얻을 게 있다는 뜻이다. 그게 건강한 음식이냐 아니냐는 중요하지 않다. 원하는 음식을 입에 넣는 순간 휘몰아치는 도파민에 행복감을 느끼는 게 먼저다. 하지만 야심한 시간에 냉장고를 뒤적이는 이유를 전부 뇌 탓으로 돌리는 건 뇌 입장에선 억울할 수밖에 없다. 사실 식품업계의 눈에 보이지 않는 유혹이 크게 한몫했기 때문이다. 식품업계는 인간이 본능적으로 지방, 나트륨, 당류를 갈구하는 것을 잘 알고 있다. 이를 이용해 오랫동안 뇌의 보상체계를 흥분의 도가니로 몰아 넣어 점점 더 많은 지방, 더 많은 나트륨, 더 많은 당을 원하게 만들기 위해 고의적으로 이러한 성분들을 식품에 잔뜩 집어넣었다.

뇌는 너무 강한 풍미를 견뎌내지 못한다. 그래서 식품업계는 제품의 맛을 단조롭게 만드는 데 치중했다. 대부분 사람들이 취향껏 잘 구운 스테이크가 빅맥보다 맛있다는 데 동의할 것이다. 그러나 빅맥 하나쯤은 앉은 자리에서 가뿐히 먹어 치울 수 있어도, 똑같은 양의 스테이크는 절대 그렇게 먹어치울 수 없다. 풍미가 너무 강한 탓이다. 반대로 햄버거는 거의 다 먹어갈 때까지도 뇌가 물려서 못 먹겠다는 신호를 보내지 않는다. 햄버거를 씹는 동안 두려우리만치 아무런 풍미를 느낄 수 없고, 먹고 난 후에도 뒷맛이 없기 때문이다.

적어도 햄버거는 배가 불러서라도 먹기를 멈출 수 있지만 감자칩이나 아이스크림은 거의 무제한으로 섭취할 수 있다. 이는 뇌가 그만 먹을 것인지 계속 먹어 치울 것인지를 결정할 때 기준이 섭취한 열량이 아니기 때문이다. 예를 들어, 아이스크림이나 솜사탕 같이 혀에서 금방 녹아 없어지는 제형의 음식을 먹을 때면 뇌는 실제 먹은 양보다 훨씬 적게 먹었다고 느낀다. 설탕 덩어리인 탄산음료를 마실 때도 마찬가지다. 액체를 마실 때면 뇌는 총 열량을 계산하는 일에 둔감해지기 때문이다. 이런 현상은 궁합이 맞는 음식을 만나면 더욱 심각해진다. 술을 마시면 기름지거나 짠 음식이 당기고, 기름지거나 짠 음식을 먹으면 술이 당길 확률이 높아지는 게 바로 그 이유다. 또한 이런 욕구 중 일부는 자연적인 호르몬 반응이 아니라는 사실도 한몫한다. 학습된 것이다. 어린 아이들에게 숙제를 마치면 보상으로 초콜릿 쿠키를 준다거나, 말을 잘 들으면 먹고 싶은 걸 해준다는 식의 달콤한 보상체계가 자리잡고 나면 성인이 되어서도 이 틀을 부수기 어렵다.

30년 이상 코카콜라사를 이끌어온 로버트 우드러프 Robert Woodruff 사장은 어린 시절의 가장 행복했던 기억은 아버지와 함께 했던 자신의 첫 번째 야구 경기라고 밝혔다. 그날 그는 무슨 음료를 마셨을까? 당연히 얼음처럼 차가운 콜라였다. 그 콜라는 그에게 행복했던 추억의 일부가 되었다. 이를 알아차린 우드러프는 전 세계 언제 어디서든 통할 마케팅 전략을 세웠다. 누군가의 인생에 있어서 특별한 순간이 연출될 수 있는 모든 장소에 제품을 공급하는 것이다. 그것이 야구장이든 바닷가 리조트든 영화관이든 그 어디든 말이다. 결과는 성공적이었다. 결국 코카콜라는 수많은 사람에게 추억의 순간에 늘 놓여 있던 음료로 자리잡았다. 이 전략이 성공을 거둘 수 있었던 이유는 뇌가 풍경, 소리, 감정 등 수없이 다양한 요소들을 통합하여 하나의 단일 기억으로 저장하기 때문이다.

이처럼 식품업계 마케터들은 그저 제품을 소비자 눈앞에 대고 흔드는 식으로 광고를 만들지 않는다. 식품 광고는 뇌과학과 심리학을 토대로 촘촘하게 짜여진 전략의 결과물이다. 이들은 맛이 음식을 먹는 경험의 일부분에 지나지 않는다는 것을 잘 알고 있다. 예를 들어 입안에서 느껴지는 식감은 음식을 먹는 경험에서 생각보다 큰 부분을 차지한다. 한입 깨물었을 때 육즙이 탁 터지는 탱글탱글한 소시지, 겉은 바삭하고 속은 촉촉한 치킨살, 바삭바삭한 튀김옷에 열광하는 이유가 이 때문이다.

후각도 큰 역할을 한다. 대형마트에 항상 베이커리가 있는 이유도 여기에 있다. 오븐에서 갓 구운 빵 냄새는 마트 전체의 매출을 신장시키기 때문이다. 여기에 음식을 입에 넣자마자 침이 고이게 하는 맛을 낸다면 더할 나위 없이 성공한 것이다. 침은 음식이 미뢰에 골고루 닿을 수 있도록 전달하는 역할을 하기 때문에 뇌에 더 강렬한 신호를 보낼 수 있다. 가령 초콜릿이 맛있는 건 초콜릿이 탄수화물, 지방, 당의 환상적인 조합이기 때문만은 아니다. 혀끝에서 녹기 때문이다. 혀끝에서 녹은 초콜릿은 침의 분비를 증가시키고, 그러면 뇌에 보다 강력한 신호가 전달되어 행복감에 도파민이 분비된다. 이 사실을 인지한 식품업계는 제품에 소스나 드레싱을 얹는 식으로 소비자를 유혹한다.

시각은 또 어떤가? 보기만 해도 달콤함이 느껴지는 선명하고 강렬한 색상으로 포장된 사탕은 눈을 사로잡기 충분하다. 반죽에 맥아를 넣어 더 건강한 갈색이 도는 통통한 빵도 마찬가지다. 심지어 조리한 음식이 아니어도 색상은 중요하다. 연어 양식업계는 연어의 판매를 촉진시키기 위해 컬러차트도 개발했다. 자연산 연어는 새우와 그 밖의 갑각류들을 잡아먹으며 성장하기 때문에 붉은색이 도는 선명한 핑크빛을 띤다. 그러나 양식 연어의 살색은 본래 흰색이다. 맛의 차이는 미미하겠으나 핑크색과 맛을 연결 지어 학습한 소비자들을 만족시키기 위해서 양식업자들은 사료에 천연 색소인 아스타크산틴^{astaxanthin}을 넣어 흰살을 불그스름하게 만든다.

 그렇다고 모두가 매번 식품업계의 유혹에 맥없이 끌려가는 건 아니다. 뇌는 열량이 높은 음식을 당기게도 하지만 다채로운 음식을 탐색하도록 도와주기도 한다. 포만감을 느끼게 해 섭취를 중단하게 만들기도 하고 특정 성분을 과잉 섭취하면 경고 신호를 보내주기도 한다. 따라서 식품업계의 전략을 인지하고 있기만 해도 무방비하게 입에 들어가는 음식을 막을 수 있다.

엄마의 식습관이 아이의 뇌에 미치는 영향
단거, 짠거, 좋은거

단짠단짠 입맛의 되물림

　태아는 초기부터 자신을 둘러싸고 있는 양수를 통해 맛을 보거나 냄새를 맡을 수 있어서 산모가 자주 먹고 친숙해진 맛을 좋아하게 된다. 만약 임신 중일 때 당근 주스를 많이 마시면 아이도 당근을 좋아하는 것이다. 누군가 자신은 날 때부터 이 음식을 좋아했다고 말한다면, 실제로는 날 때부터가 아니라 태어나기도 전부터 그 맛에 대한 기호를 키워온 것이다. 임신 기간에 지방함량이 높은 음식을 많이 섭취했다면 이후 태어난 아이는 보상체계를 완전히 활성화하기 위해 많은 양의 지방을 소비해야 하기 때문에 지방함량이 높은 음식을 선호하게 된다. 다시 말해 산모의 식습관과 영양 상태는 아기의 두뇌발달에 영향을 미칠 수 있는 가장 중요한 비유전적 요소, 즉 환경적 요소다.

　특히 단맛에 대한 기호는 강렬하다. 산모가 단것을 먹으면 쓴 것을 먹었을 때보다 태아는 더 많은 양수를 들이킨다고 한다. 모유 외에 다른 음식은 먹어본 적이 없는 신생아에게 설탕이나 설탕물을 주면 맛을 보자마자 좋아한다거나, 통제가 안 될 정도로 우는 아기에게 젖병 꼭지에 설탕물을 적셔주면 신기하게 즉시 안정을 찾는 모습을 보이기도 한다. 그렇다고 우는 아이를 설탕물로 달래라는 말은 아니다. 다만 단맛이 그만큼 강력한 영향력을 가지고 있다는 뜻이다. 그러나 그만큼 자극의 지속력이 오래가지 않는다.

나트륨과 지방도 마찬가지다. 처음 설탕, 나트륨, 지방을 섭취할 때는 소량만으로도 충분히 만족스럽다. 그러나 아이러니하게도 점점 더 많이 섭취하면 할수록 오히려 만족감이 떨어진다. 지속적인 도파민의 분비로 도파민에 무감각해지기 때문이다. 처음 느꼈던 만족감을 느끼려면 점점 더 많은 양을 섭취해야 한다. 초콜릿을 먹어서 행복해지기보다는, 불행해지지 않기 위해 점점 더 많은 초콜릿을 먹는 셈이다. 매번 초콜릿을 먹을 때마다 처음 먹을 때처럼 만족스러우려면 끊임없이 초콜릿을 입에 넣고 싶은 충동을 억제하는 방법이 가장 효율적이다. 쉽게 말하면 도파민이 시도때도 없이 분비되어 무감각해지지 않도록 조절하는 것이다.

단것을 먹을 때 도파민만 분비되는 것은 아니다. 필요한

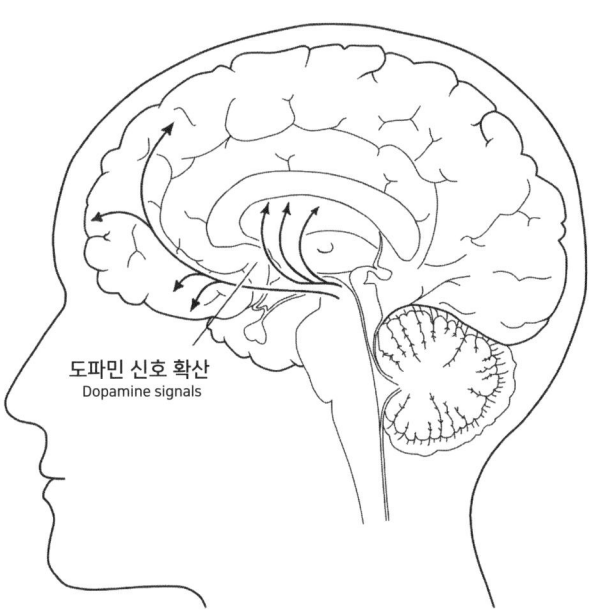

▲ 도파민은 중뇌에서 기저핵으로, 변연계로 그리고 대뇌 피질로 확산된다. 변연계로 유입된 도파민은 사랑, 보상 및 욕망의 중추로 알려진 측좌핵을 거쳐 이동한다.

열량을 모두 섭취하고 나면 '이제 배가 부르다'는 신호를 보내주는 식욕억제 호르몬 **렙틴**^{leptin} 도 분비된다. 그렇다면 단맛은 나는데 칼로리가 전혀 없는 식품을 먹으면 어떻게 될까? 대표적 예로 인공감미료가 있다. 인공감미료는 설탕과 동일한 방식으로 뇌의 보상체계를 활성화한다. 즉, 도파민은 분비되지만 열량이 없기 때문에 렙틴은 분비되지 않는다. 그래서 단것을 먹고 있는데도 욕구가 채워지지 않기 때문에 의도와 달리 점점 더 단것이 당기는 상황이 벌어진다. 설탕을 피하기 위해 무설탕 음료를 마시는 게 아무 의미가 없는 이유가 여기 있다. 대부분 무설탕 음료는 인공감미료 아스파탐으로 단맛을 내므로 결국 단 것이 먹고 싶다는 욕구는 채워지지 않기 때문이다.

    나트륨은 경우가 다르다. 아기에게 간이 된 음식을 주어서도 안 되지만 아기도 짠맛을 좋아하지 않는다. 그러나 훈련으로 짠맛을 좋아할 뿐만 아니라 갈망하게 만들 수도 있다. 인스턴트 식품이 그렇다. 처음 인스턴트 식품을 접한 사람은 대체로 짠맛을 강하게 느낀다. 그러나 먹으면 먹을수록 뇌는 점점 더 많은 나트륨을 원하게 되고 가정식을 먹으면 싱겁다고 느끼는 지경에 이르기까지 그렇게 오래 걸리지도 않는다. 특히 근래 들어 인스턴트 식품 소비량이 증가하면서 나트륨 섭취량이 증가한 것은 너무 당연한 일이다. 이제 나트륨은 심장마비와 뇌졸중의 주범으로 지목되고 있다. 남들은 다들 짜다는데 나는 간이 딱 맞다고 느낀 적이 있다면 혹시 평소 나트륨 섭취량이 많은 편은 아닌지 스스로 의심해봐야 한다.

이처럼 음식만 놓고 보자면 뇌의 원시적 영역은 장기적으로 몸에 미칠 영향은 고려하지 않고 무조건 에너지 함량이 높은 음식을 선호하는 경향이 있다. 다행히도 대뇌 피질이 지방과 당류를 이렇게 섭취하다 보면 심장마비나 뇌졸중을 일으킬 수 있다고 경고한다. 특히 임신 중에는 무엇이든 과하지 않게 주의를 기울여야 한다. 9개월 동안 한 인간의 뇌를 책임지고 있다는 사실을 명심하면서 말이다.

똑똑하게 먹으면 똑똑한 아이가, 오메가-3

임신 기간에 태교를 위해 음악을 들려주고 동화를 읽어주는 것도 중요하지만 뇌가 필요로 하는 지방이 다량 함유된 생선, 그중에서도 특히 등 푸른 생선을 섭취하는 것이 가장 중요하다. 뇌는 우리 몸의 장기 가운데 지방 소비량이 가장 높은 기관이다. 에너지를 발생시키기 위해서가 아니라 뉴런과 다른 세포들을 생산하는 데 지방을 사용하며, 특히 신경 전달 신호가 빠르고 안전하게 이동할 수 있도록 축삭돌기를 감싸는 데도 지방을 많이 사용한다. 지방산 fatty acid에는 우리 몸에서도 합성할 수 있는 지방산과 우리 몸에서는 합성이 되지 않기 때문에 반드시 음식으로 섭취해야 하는 **필수지방산** essential fatty acid이 있다. 필수지방산 중에서도 오메가-3와 같은 불포화지방산은 뇌의 물리적 형성에 반드시 필요한 성분이다. 오메가-3는 식물성과 동물성으로 나뉘는데, 뇌가 필요로 하는 오메가-3는 연어, 송어, 고등어, 청어와 같은 생선에 풍부하며 대구 간유 같은 제품에도 다량 포함된 동물성 오메가-3다. 아마씨와 같은 식물에도 다량의 오메가-3가 존재하지만 동물성에 비해 전환율이 떨어진다. 쉽게 말하면 영양가가 떨어진다. 답은 생선을 많이 섭취하는 것뿐이다.

심지어 오메가-3는 뇌 크기에도 영향을 미친다. 스웨덴의 한 연구에서 오메가-3와 오메가-6 함량이 높은 모유를 먹은 신생아들은 그렇지 않은 모유를 먹은 신생아들에 비해서 머리 둘레, 즉 뇌가 더 큰 것으로 밝혀졌다(신생아의 뇌 발달 지표에도 여러 가지가 있지만 신생아를 대상으로 안전하면서도 상세한 연구를 진행하는 게 어려워 보통은 머리 둘레를 지표로 삼는다). 또 다른 연구에서는 임신 기간과 모유수유 기간에 대구간유(오메가-3)를 보충제로 섭취한 산모의 아기가 옥수수기름(오메가-6)을 섭취한 산모의 아기보다 뇌가 크다고 밝혔다. 이 두 그룹의 아기들이 4세가 되었을 때 지능검사를 해본 결과, 엄마가 임신 중 오메가-3를 섭취한 그룹의 아이들이 오메가-6를 섭취한 그룹의 아이들보다 훨씬 지능이 높은 것으로 나타났다.

    신생아뿐만 아니라 성인도 뇌의 기능을 유지하는 데 오메가-3가 필요하다. 몇몇 연구에서 오메가-3를 충분히 섭취하면 후에 기억장애를 일으킬 확률이 낮아지는 반면 혈중 오메가-3 농도가 낮으면 알츠하이머병을 비롯해 치매를 일으킬 확률이 높아진다고 보고했다. 뇌는 일생에 걸쳐서 발달한다는 사실을 명심해야 한다.

열량과 에너지의 아슬아슬한 줄타기
다이어트

　누군가 마트에서 진열된 식품들의 포장 뒷면에서 영양성분을, 그중에서도 열량을 눈여겨보고 있다면 다이어트를 하고 있는 중일 확률이 높다. 식이조절을 하든 운동을 하든 몸이 필요한 열량보다 더 적은 열량을 섭취한다면 저장된 지방을 전환하여 에너지로 사용하기 때문에 체중이 감소할 수 있다. 그러나 항상 최소한의 에너지는 유지하도록 노력해야 한다. 비축된 에너지가 떨어지면 뇌가 자체 에너지를 소비하기 시작하기 때문이다. 특히 극단적인 다이어트로 인해 거식증과 같이 심각한 섭식장애를 가진 사람들에게는 이러한 것들이 위험요소가 될 수 있으니 주의해야 한다.
　다이어트 방식도 중요하지만 어떤 식품으로 에너지를 얻는가에도 특별한 주의를 기울여야 한다. 일명 황제 다이어트라 불리는 앳킨스 다이어트처럼 탄수화물 섭취를 줄이는 다이어트 방식은 대부분의 에너지를 지방에서 얻는다. 그래서 탄수화물을 멀리하는 대신 지방 섭취에는 제한을 두지 않는다. 이 다이어트의 원리는 탄수화물 섭취를 제한하여 몸을 극단적 저탄수화물 상태로 만들어 **케토시스**^{ketosis} 상태에 돌입하는 것이다.

  케토시스는 탄수화물 대사에 이상이 생겨 탄수화물 대신 단백질이나 지방을 연소하여 에너지를 얻는, 일종의 몸 안의 긴급상황이다. 이때 지방이 분해되면서 **케톤**^{keton}이라는 부산물이 발생하는데 일부에서는 케톤이 축적되면 몸에 이상을 일으킬 수 있으니 인위적으로 케토시스 상태를 유발시키는 것은 위험하다고 주장한다. 그러나 또 다른 연구에서는 케톤이 뇌기능에 영향을 미치지 않으며 장기적인 손상도 입히지 않는다는 결과가 나왔다. 문제는 다이어트를 시작하자마자 바로 몸이 케토시스 상태에 돌입하는 것이 아니기 때문에 뇌는 일시적으로 에너지 부족 상태가 된다는 것이다. 뇌가 충분한 에너지를 공급받지 못하면 일시적으로 기억력과 인지능력이 떨어지고 제대로 된 판단을 내리지 못하는 등 부작용이 나타난다. 그러나 이런 현상은 다이어트를 시작하고 어느 정도 시간이 지나면 정상으로 되돌아올 수 있다.

쉽게 얻은 행복의 대가
- 중독

chapter
09

알코올이 소뇌에 영향을 미치면
비틀거리며 걷게 되고,
전두엽까지 영향을 미치면
자제심을 잃게 된다. 덕분에
술을 몇 잔 걸치면 생전 처음
보는 이성에게 비틀거리며
걸어가 당신이 마음에 드니
전화번호 좀 찍어달라는 요구를
할 수 있게 되는 것이다.

위험한 호기심
의존성

    KOSIS ^{보건복지부}의 통계에 따르면 2018년 청소년 흡연율은 6.7%, 음주율은 16.9%에 달한다. 일부 청소년은 술 담배를 살 돈을 마련하려 부모님에게 거짓말을 한 적도 있으며 몰래 부모님의 지갑에 손을 댄 적도 있다고 한다. 무엇이 한때는 작고 사랑스럽던 꼬마가 술 담배에 깊이 의존하여 부모님의 지갑에까지 손을 대는 청소년으로 자라게 만들었을까? 의존성이란 인간에게 어떤 영향을 미치는 걸까?

    기본적으로 인간은 도파민, 엔도르핀과 같이 특정 목표를 성취하면 성취감을 느끼게 해주는 정신적인 보상체계를 몸 안에 가지고 있다. 그러나 굳이 노력해서 목표를 달성하지 않아도 이 보상체계를 활성화시킬 수 있는 방법이 있다. 바로 흡연, 음주 그리고 약물이다. 우리가 무언가를 섭취했을 때 뇌에 직접적인 영향을 미치는 모든 물질은 약물로 간주된다. 이렇게 따지면 전 세계에서 가장 많은 사람이 복용하는 약물은 커피일 것이다. 커피처럼 신경계를 자극하는 약물을 중추신경흥분제 central nervous system stimulant 라 하는데, 여기에는 코카인^{cocaine}, 암페타민^{amphetamine}, 니코틴^{nicotine} 등이 포함된다. 반대로 뇌 활동을 억제하는 약물은 중추신경억제제라 하며 알코올^{alcohol}, 헤로인^{heroin}, 대마^{cannabis}가 포함된다.

처음 약물에 의한 자극에 노출되면 뇌는 곧장 방어기제를 작동시켜 흐트러진 균형을 바로잡으려 한다. 그리고 일정 기간 약물을 복용하면 이 약물이 영향을 미치는 신경전달물질의 수용체의 수를 줄인다. 수용체가 줄어들면 뇌의 보상체계는 예전만큼 기능을 할 수 없게 된다. 가령 도파민에 영향을 미치는 약물을 사용했다면 이전엔 단것이나 운동만으로 분비되던 도파민의 분비량이 줄어들어 예전만큼 고조된 기분을 느끼기 어렵다. 그뿐만 아니라 흡연, 음주, 마약처럼 인위적인 방법으로 보상체계를 활성화시킬 때도 정점이 높아져 담배를 더 많이 피우거나 술을 더 많이 마셔야만 처음 담배를 피우고 술을 마셨을 때 느낌을 받을 수 있다. 마치 단걸 먹기 시작하면 점점 많이 먹게 되는 것처럼 말이다. 이런 현상을 **내성**^{tolerance}이라고 한다.

내성은 뇌의 신체적 변화 때문에 발생한다. 즉, 심리적 의존성^{psychological dependency}이라 불리는 모든 것에는 육체적 요소 또한 포함되어 있다고 할 수 있다. 흡연자가 담배에 불을 붙이지 않고 손에 들고만 있어도 스트레스가 해소되는 것 같은 느낌이 드는 것은 심리적 의존성이다. 그래서 대부분의 금연 치료법에서는 원래 담배를 피우던 손이 아닌 반대편 손에 담배를 들게 함으로써 흡연자가 담배로 얻는 안정감을 줄여나가는 것과 같은 정신적 연결고리를 끊는 방법을 사용하고 있다. 이런 방식이 심리적 의존성에는 큰 효과를 보이기도 하지만, 완전한 치료법은 결국 신체적 의존성까지 해결할 수 있어야 한다.

습관적 행동과 연관된 신호를 전송하는 신경망은 LTP 현상, 즉 자주 신호를 주고받을수록 관계가 끈끈해지는 현상 때문에 점점 강력해지고 안정적이게 될 수밖에 없다. 그렇다고 강력하게 연결된 신호를 끊어내는 게 불가능하다는 건 아니다. 시도를 멈추지 않으면 이 또한 끊어낼 수 있다. 스트레스로 담배에 손이 갈 때마다 운동을 한다든가 정원을 가꾼다거나 TV를 보는 등 딴 데로 주의를 분산시키면 점차 담배와 연결된 신경망의 신호가 약해지면서 담배를 끊을 수도 있다. 물론 결코 쉽지는 않다. 조금 얄미운 말이지만, 중독을 피하는 가장 좋은 방법은 아예 시작도 하지 않는 거라는 말도 있지 않은가?

전 세계인이 사랑하는 약물
커피

    카페인은 졸음을 유발하는 신경전달물질과 유사한 작용을 하여 이 신경전달물질이 수용체에 작용하는 것을 차단함으로써 졸음을 쫓는 역할을 한다. 졸음이 쏟아질 때 진한 커피를 마시면 눈이 번쩍 떠지면서 각성하는 이유가 이 때문이다. 각성 상태에서는 도파민과 같은 신경전달물질이 더욱 활성화된다. 도파민이 활성화되면 부신을 자극하여 아드레날린을 분비하고 아드레날린의 농도가 증가하면 각성 상태가 고조되며 신경도 날카로워진다. 이런 효과는 당장 내일 있을 발표를 밤새워 준비할 때라든가, 내일 아침에 제출해야 할 보고서를 써야 하는데 눈이 감길 때 큰 도움이 된다.

    그러나 매일매일 각성 상태를 유지하려 하면 뇌도 새로운 방어 시스템을 작동시킨다. 즉, 졸음을 유도하는 신경전달물질이 수차례 카페인에 의해 차단되니 더 많은 수용체를 생성해 최대한 신경전달물질을 받아들이는 것이다. 그 결과 커피를 마셔도 마시기 전처럼 여전히 졸리고 피곤하다. 결국 뇌가 추가로 만들어낸 수용체까지 막으려면 커피를 한 잔 더 마셔야 한다. 그러면 뇌는 또 수용체를 만들어내고, 각성 상태를 유지하기 위해 커피를 한 잔 더 마시고, 뇌는 또 수용체를 만들어내고…. 이런 상황이 반복되면서 악순환이 시작되는 것이다.

반대로 갑자기 커피를 끊어버리면 카페인 결핍 상태가 된다. 카페인이 한순간에 사라져버리면 졸지에 뇌가 잔뜩 만들어 둔 수용체에 졸음을 유발하는 신경전달물질이 별다른 장애물 없이 그대로 쏟아져 갑자기 엄청난 피로감을 호소하게 되고, 자도 자도 피곤함이 가시지 않는 상태가 된다. 이것이 카페인에 중독되어 있다는 증거다. 만약 하루에 몇 잔 이상의 커피를 마셔야만 일상생활을 유지할 수 있는 상황에 이르렀다면, 그만큼 졸음을 유발하는 신경전달물질의 수용체 수가 늘어났다는 뜻이다. 이때 단박에 커피를 끊으면 금단현상이 올 것이므로 시간을 두고 서서히 커피 섭취량을 줄여야 한다.

물론 커피를 마시고 싶은 욕구를 억누르다 보면 어느 순간 커피 한 잔만 마시면 모든 걸 해낼 수 있을 것 같은 충동이 들 수도 있다. 오늘은 일찍 일어나서 늦게까지 일정을 소화했으니 커피가 필요하다는 등 거부할 수 없는 핑계를 만들어내기도 한다. 그러나 이 또한 학습이 만들어낸 일종의 중독이며 사실상 신체적 중독보다 더 끊기 어렵다. 이럴 때 카페인이 당신이 생각하는 것보다 오래 몸에 남아 영향을 미친다는 것을 떠올리면 충동이 조금 가라앉을지도 모른다. 점심 시간에 커피 한 잔을 마시면 밤 10시가 되어도 카페인의 약 25%가 체내에 남아 있다. 이 정도의 카페인 양이 잠을 못 이루게 할 정도는 아니지만 수면의 질을 떨어트릴 수 있다. 다시 말해 내일 아침이면 부실한 수면으로 인해 더 많은 커피를 마셔야 한다는 뜻이다.

도파민이 과도하면 벌어지는 일
코카인과 암페타민

코카인은 코카 나뭇잎에서 추출한 천연유래물질인 반면 암페타민은 인공적으로 합성된 물질이다. 이들은 모두 카페인과 같은 중추신경흥분제다. 카페인은 신경전달물질 수용체에 작용하는 반면 코카인과 암페타민은 신경전달물질의 양을 변화시킨다. 코카인은 신경전달물질을 분비한 뉴런으로 잉여 신경전달물질이 재흡수되는 것을 방지하는 투쟁도피반응 fight-or-flight, 외부 자극에 투쟁할 것인지 도주할 것인지 결정하는 본능적 반응에 관여하는 신경전달물질인 노르아드레날린 noradrenaline과 보상 신경전달물질인 도파민의 수치를 증가시킨다. 암페타민과 메스암페타민 methamphetamine, 일명 필로폰 또한 도파민의 수치를 증가시킨다.

그러나 중요한 것은 도파민의 수치 증가가 아니라 도파민의 수치 증가가 뇌의 어디에서 이루어지느냐는 것이다. 일반적으로 기저핵에 위치한 측좌핵은 목표 성취에 대한 보상으로 도파민을 분비한다. 그러나 코카인과 암페타민은 측좌핵을 교란시켜서 목이 마를 때 물을 마시는 것 같은 사소한 일에도 보상체계를 가동시킨다.

즉, 노르아드레날린은 뇌를 각성 상태로 이끌고, 이때 분비된 도파민은 기분이 들뜨게 하고 행복감을 느끼게 해준다. 적어도 처음에는 말이다. 점차 뇌는 호르몬에 의지하게 되고 한때는 만족감과 흥분을 주던 모든 것이 더 이상 의미가 없어지게 된다. 결국 코카인만이 행복감을 줄 수 있는 상태가 되어버리는 것이다. 그래서 이러한 약물에 노출되면 유해함을 알면서도 압도당하는 것이다.

유해물질인가, 치료제인가?
양날의 검, 니코틴

담배를 한 모금 빨아들이고 니코틴이 뇌에 도달하기까지는 10초가 채 안 걸린다. 니코틴이 뇌에 도달하면 니코틴은 아세틸콜린acetylcholine 수용체에 작용하여 보상 신경전달물질인 도파민의 분비를 촉진한다. 흡연자가 담배 생각이 난다는 것은 사실 도파민이 간절하다는 뜻이다. 니코틴은 중추신경계뿐만 아니라 부신을 자극하여 스트레스 호르몬인 아드레날린을 분비하도록 한다. 흥분제 역할을 하는 것이다. 그리고 동시에 진정제 역할을 한다. 종종 흡연자들이 오랜 시간 담배를 피우지 못하면 불안해하면서 스트레스를 받는 이유가 바로 이 니코틴의 진정 효과가 사라졌기 때문이다. 그래서 니코틴 의존성이 높은 흡연자들은 아침에 일어나자마자 하루를 시작할 때도, 긴장을 풀 때도, 휴식을 취할 때도, 잠자리에 들기 전에도 담배를 피우고 싶다고 느낀다.

흡연이 암, 심장마비나 뇌졸중을 유발하며 수백만의 수명을 단축시켰다는 사실은 의심할 여지가 없다. 그러나 일부에서는 니코틴이 뇌에 미치는 강력한 영향력을 파킨슨병이나 치매의 치료에 활용하는 방안을 연구하고 있다. 실제로 고무적인 결과를 낸 연구도 존재한다. 이러한 결과는 유해 물질로 손꼽히는 약물을 제대로 사용했을 때 드러나는 수많은 긍정적 효과 중 극히 일부일 뿐이다.

chapter
09

혹시 어제 나 무슨 일 없었지?
알코올

아마 알코올이 현대에 등장했더라면 분명 금지 약물로 지정되었을 것이다. 알코올은 다양한 종류의 신경전달물질의 수용체에 결합할 수 있기 때문에 뇌의 대부분에 영향을 미친다. 알코올 중독 문제는 우리가 인식하고 있는 것보다 훨씬 널리 퍼져 있다. 특히 유럽과 북아메리카에서는 전체 인구의 10% 정도가 25세 이전에 한 번쯤 알코올 중독 진단을 받은 적이 있을 정도다.

알코올 의존증이 있는 사람이 몸이 떨리고 눈이 처지며 기억장애와 의식장애를 겪는다면 **베르니케-코르사코프**Wernicke Korsakoff 증후군의 초기 단계를 의심해볼 수 있다. 베르니케-코르사코프 증후군은 비타민 B_1 thiamine, 티아민 의 결핍으로 뇌가 줄어들면서 발생하는 병이다. 베르니케 증후군은 변연계의 시상과 유두체 그리고 백질에 영향을 미치며 대뇌 피질이 쪼그라드는 증세를 보인다. 이러한 증상은 B_1의 결핍 때문이라기보다는 알코올의 영향에 가깝다. 알코올은 장에서 비타민이 흡수, 저장되는 건 물론이고 간에서 활용할 수 있는 형태로 전환하는 것까지 방해하기 때문에 지속적으로 과도하게 섭취할 경우 비타민 B_1 결핍 증상을 일으킨다. 비타민 B_1은 뇌가 혈당을 에너지원으로 사용하는 데 관여할 뿐만 아니라 일부 신경전달물질과 미엘린의 생성에도 관여하기 때문에 비타민 B_1의 결핍은 심각한 결과를 초래할 수 있다.

알코올이 뇌에 행사하는 영향력은 여기서 그치지 않는다. 알코올이 소뇌에 영향을 미치면 비틀거리며 걷게 되고, 전두엽까지 손을 뻗치면 두려움과 자제심을 잃게 된다. 덕분에 술을 몇 잔 걸치면 생전 처음 보는 이성에게 비틀거리며 걸어가 당신이 마음에 드니 전화번호 좀 찍어달라는 요구를 할 수 있게 되는 것이다. 두려움을 상실했다는 것은 전두엽이 제 기능을 못하고 있다는 뜻이다. 즉, 성적인 욕구 또한 억제가 되지 않는다. 그러나 아이러니하게도 알코올 덕분에 성적인 욕구는 봉인 해제되었으나 성적인 기능을 담당하는 시상하부와 뇌하수체는 오히려 억제되어, 욕구는 치솟는데 몸은 따라주지 않는 상황이 벌어진다. 그렇게 여기저기 헤집고 다니던 알코올이 뇌간에 도달하면 그대로 잠이 든다.

술만 마시면 화장실을 자주 들락날락하는 이유도 알코올 때문이다. 뇌하수체는 체내 수분을 조절하는 호르몬을 분비하여 탈수 현상을 막는다. 그러나 알코올이 이 호르몬의 분비를 억제하여 자주 배뇨하게 된다. 그렇게 우리 몸은 탈수 상태에 놓이게 되고 이 탈수 현상이 다음 날 겪게 될 머리가 쪼개질 것 같은 두통의 원인이다. 수분이 손실되면서 뇌가 쪼그라들어 뇌를 둘러싼 막들이 당기면서 두통을 유발하는 것이다. 소변을 자주 보면 수분만 빠져나가는 것이 아니라 신경전달과 근육조절에 중요한 역할을 하는 나트륨도 많이 빠져나가게 된다. 그러면 속이 울렁거리고 지치며 수면의 질이 떨어져 잠을 자도 피곤하다. 즉, 숙취는 단순한 두통이 아니었던 것이다.

숙취는 또한 전날 마신 술의 종류에 따라서도 영향을 받는다. 화이트 와인이나 보드카처럼 무색 투명한 술을 마셨을 때는 레드와인이나 데킬라 같은 유색 술을 마셨을 때보다 숙취가 덜하다. 무색 투명한 술에는 타닌산과 같은 유독성분이 덜 포함되어 있기 때문이다. 물론 숙취가 생기지 않는 가장 좋은 방법은 술을 마시지 않는 것이다. 그러나 피할 수 없는 술자리라면 술 한 잔을 마실 때마다 물 한 잔을 마셔 탈수 현상을 막아주는 것이 좋다.

누군가는 잠이 오지 않는다며 술을 마시기도 하는데 알코올은 진정 효과를 주는 것과 더불어 뇌의 활성 신경전달물질을 억제하기 때문에 논리적으로는 타당해보인다. 사실상 술을 많이 마시면 누구나 결국에는 곯아떨어지지 않는가?

그러면 이토록 유해한 알코올을 당장 중단해야 하지 않을까? 놀랍게도 평소 꾸준히 술을 마셔오던 사람이 하루아침에 술을 끊으면 오히려 몸은 이상 신호를 보낸다. 우선 뇌는 갑자기 들어오지 않는 알코올을 대신해 필요 이상의 활성 신경전달물질을 생산함으로써 이를 보상하려고 한다. 따라서 숙면을 취할 수 없게 되고 잠을 자도 몸이 회복되지 않는다. 게다가 필요 이상의 활성 신경전달물질로 몸이 떨리거나 불안감을 느끼고 혈압이 상승하는 증세가 나타날 수 있다.

알코올은 또한 위벽을 통해 직접 흡수되고 염산 $^{hydrochloric\ acid}$의 형성에 기여한다. 이렇게 형성된 과도한 양의 염산은 위를 둘러싼 신경에 몸이 위험상황에 놓여있다는 잘못된 신호를 보내 구토를 일으킨다. 따라서 알코올 중독자가 갑자기 술을 끊으면 활성 신경전달물질의 수치가 높아진 채로 뇌가 끊임없이 자극을 받기 때문에 결국 통제불능의 상태가 되고 만다. 따라서 심각한 알코올 중독자가 갑자기 술을 끊으면 환각을 일으키거나 발작을 하는 등의 금단 증상을 보일 수 있기 때문에 매우 위험하다.

쉽게 얻은 행복의 대가
대마

하시시 hashish 와 마리화나 marijuana 는 모두 대마를 이용해 제조한 마약이다. 일반적으로 '대마초'라고 하면 마리화나를 의미하는데 담배처럼 말아 피우면 달콤한 냄새가 난다. 하시시는 마리화나보다 8-10배 강력한 마약이다. 이 둘은 체내에서 자연스럽게 합성되는 엔도카나비노이드 endocannabinoid 라는 신경전달물질과 유사하다.

앞서 여러 차례 언급했지만 대부분의 신경전달물질은 한 뉴런에서 방출되어 시냅스 간극을 통해 다른 뉴런으로 이동한다. 그러나 엔도카나비노이드는 반대로 수용해야 하는 뉴런에서 방출되어 다른 뉴런으로 이동한다. 신경전달물질에는 뉴런을 활성화하는 신경전달물질과 뉴런을 억제하는 신경전달물질이 있는데 뉴런을 활성화하는 신경전달물질이 수적으로 우세할 때만 신호가 전달된다. 엔도카나비노이드는 뉴런을 억제하는 신경전달물질을 억제하는 역할을 한다. 이들은 편도체를 통해 기분에 영향을 미치고, 해마를 통해 기억력에 영향을 미치며 대뇌 피질의 기능에

도 전반적으로 영향을 미친다. 대마초는 이들 뇌 영역에 존재하는 엔도카나비노이드 수용체를 과도하게 자극하여 뉴런 간 주고받는 신호를 통제하는 역할을 제대로 수용할 수 없게 한다.

특히 하시시가 미치는 영향력은 매우 광범위하다. 시간을 지각하는 데 영향을 미쳐 지나칠 정도로 느긋하게 만들기도 하고, 들뜨거나 쾌감에 도취하게 만들기도 하며 극심한 공포감과 편집증을 유발하거나 집중력, 학습력, 기억력에 장애를 일으키기도 한다. 또한 매우 드문 일이기는 하지만 급성 정신질환을 야기하기도 한다. 그뿐만 아니라 하시시에 노출된 태아는 성장하면서 지나치게 충동적인 성격을 드러내며 학습장애와 기억장애를 보이기도 한다.

이렇게 하시시가 발달 중인 뇌에 손상을 입힌다는 사실은 명백히 밝혀졌으나 아직도 많은 사람이 성인의 뇌에는 영향을 미치지 않는다고 주장한다. 그러나 일부 학자들은 하시시 흡입자와 비흡입자를 두 그룹으로 나누었을 때 비흡입자 그룹에서 조현병 증세를 보인 사람은 3%인 반면, 흡입자 그룹에서는 10%가 조현병 증세를 보였다고 보고하며 이들의 주장을 반박하고 있다. 물론 조현병은 여러 정신질환을 통칭하는 용어로, 다양한 원인으로 촉발될 수 있기 때문에 꼭 하시시 때문이라고 단정적으로 말할 수는 없다.

그러나 굳이 조현병이 발병할 확률을 3배나 높일 필요가 있을까?

　마리화나 역시 중독성이 없다고들 한다. 실제로 마리화나 성분으로 의약품을 만들기도 한다. 그러나 상습적으로 마리화나를 흡연하는 사람 중 10%가 중독자가 되었다는 보고가 있다. 헤로인 상습 흡입자 중 20%가 중독자가 되었다는 수치에 비하면 반에 불과하지만, 10명 중 1명이 중독자가 된다는 건 결코 적은 수치가 아니다.

　사실 중독성 있는 모든 약물이 식욕, 성욕 그리고 운동 같은 자극으로 자연스럽게 분비되어야 하는 보상체계에 강렬한 영향을 미치기 때문에 어쩌면 당연한 결과일 수도 있다. 굳이 힘을 들이지 않고도 약에만 취하면 쉽고 빠르게 보상 신경전달물질이 분비된다는 걸 알고도 다시 돌아가는 건 쉽지 않은 일일 테니 말이다. 그래서 마치 파블로프의 개가 종소리가 들리면 먹이를 기다리는 것처럼 흡연자들은 식사 후 한 개피의 담배가 가져다줄 기쁨과 만족감을 기대하고 알코올 중독자는 고달픈 하루를 잊게 해줄 술 한잔을 갈망하고, 코카인 중독자는 행복한 도파민 파티가 끝나면 허망해지는 것이다.

　모든 중독자들은 새로운 시냅스와 신경망을 형성하고 이렇게 형성된 연결은 흡연을 하거나 음주를 하거나 마약을 하고 싶은 욕구를 강화한다. 갑자기 술과 마약을 끊는다고 해서 이 연결 고리가 하룻밤 사이에 사라지지는 않는다. 실제로 마약을 끊은 사람 중 일부는 약물에 취했을 때의 행복함을 포기했다는 달갑지 않은 찝찝함을 품은 채 하루하루를 버티기도 한다.

약인가 마약인가
엔도르핀, 모르핀 그리고 헤로인

　엔도르핀은 스트레스를 받거나 고통을 느끼면 분비되는 신경전달물질로, 뇌에서 만들어지는 일종의 마약이다. 엔도르핀은 운동을 하는 동안 혹은 출산을 하는 동안에도 분비되어 고통을 잊고 일종의 황홀감을 느끼게 하지만 결코 중독되지 않는다. 엔도르핀도 다른 호르몬처럼 뉴런 간극으로 분비되어 반대편 수용체에 의해서 흡수되지만 수용체와 결합하자마자 분해되어 재활용된다.

　마약성 진통제인 모르핀^{morphine}과 모르핀 유도체인 헤로인^{heroin}은 엔도르핀과 유사한 화학물질로, 뇌의 엔도르핀 수용체에 아주 잘 들어맞는다. 그러나 엔도르핀과 달리 수용체와 결합하자마자 분해되는 것이 아니기 때문에 지속적으로 수용체를 활성화시킨다. 따라서 중독성이 강한 다른 약물들과 마찬가지로 점점 더 많은 양을 요하게 되고 악순환을 반복하다가 중독된다. 그러나 이들이 다른 약물과 다른 점은 다양한 신경전달물질과 유사하여 광범위한 수용체에 영향을 미칠 수 있다는 것이다. 뇌는 점차 수용체의 수를 줄여가면서 과도한 자극으로부터 균형을 찾으려 애쓰고 그런 속사정을 모르는 헤로인 중독자들은 같은 양을 투여해도 효과가 예전만 못하자 점점 더 많은 양을 투여한다. 모르핀을 정기적으로 투여받는 환자들도 곧 일정량의 모르핀으로는 더 이상 진통 효과가 없기 때문에 투여량을 늘려가야 한다.

그뿐만 아니라 모르핀이나 헤로인을 갑자기 중단하면 제대로 기능을 수행할 수 있는 수용체가 너무 적게 남아 엔도르핀만으로는 이 상태를 보상할 수 없게 된다. 따라서 불안증, 근육통, 불면증, 메스꺼움 같은 증세를 경험하게 된다. 다행히도 어느 정도 기간이 지나면 수용체 수가 정상적으로 돌아오면서 신체적 증상들은 사라진다. 심리적 중독 증세는 남아있겠지만 말이다.

알코올이 헤로인보다 태아에게 더 해롭다고 할 정도로 헤로인과 모르핀의 유해성이 다른 약물에 비해 강력하진 않지만, 완전히 무해하다고 말할 수는 없다. 심지어 완전히 정상적으로 기능하는 엔도르핀 시스템도 헤로인 만큼의 흥분감은 주지 못한다. 헤로인은 특히 뇌의 백질에 악영향을 미치기 때문에 의사결정 능력, 스트레스 조절 능력 및 전반적인 행동 양식에 영향을 미친다. 그뿐만 아니라 뇌간의 호흡중추를 진정시킴으로써 뇌와 그 밖의 장기에 산소 공급이 원활하지 않게 되어 생명을 위협하는 상황이 발생할 수도 있다.

　일부 극소수 국가를 제외한 대부분 국가가 헤로인의 생산과 판매는 물론이고 소지도 불법으로 지정했지만, 모르핀은 통증 완화를 목적으로 처방하는 것이 관례다. 다만 일상에 필요한 기능을 정상적으로 수행하는 데 영향을 미칠 수 있다는 경고 문구를 부착하도록 하고 있다. 모르핀을 포함해 합법적으로 처방 가능한 모든 마약류에는 이런 경고 문구가 부착되어 있다. 하지만 이 경고보다 더 중요한 것은 이들이 중독성이 있고 헤로인과 마찬가지로 남용될 소지가 있다는 것이다. 실제로 헤로인과 코카인 과다복용으로 사망하는 사람보다 모르핀과 같은 마약성 진통제 과다복용으로 사망하는 사람이 해마다 증가하고 있다.

이 사과가 정말 사과일까?
- 지각

10

영화 <매트릭스>의 주인공 네오는 파란 알약을 먹고 가상 세계에 그대로 남아 있을지 아니면 빨간 알약을 먹고 현실로 돌아갈지 선택해야 하는 기로에 섰다. 결국 빨간 약을 선택한 네오는 약을 먹자마자 현실보다 가상 세계가 훨씬 살 만한 곳이라는 것을 깨달았다.

이 사과가 정말 사과일까?
주관적 감각 정보

그리스 로마 시대 이후 철학자들은 우리가 보고, 듣고, 느끼는 모든 것이 진짜인지 아닌지를 오랫동안 아주 진지하게 고민해왔다. 이들은 '사실 인간이 자신의 존재를 인식하는 것은 감각을 통해서일 뿐이다' '어쩌면 현실은 그저 뇌가 해석하는 일련의 화학 신호와 전기 신호의 조합일 뿐인 건 아닐까' 이런 의문을 가진 것이다. 뇌는 오직 각색된 이미지만을 제공하고, 현실은 눈으로 보는 것과 다를 수 있다는 것을 깨닫는 순간 당신은 아마도 영화 〈매트릭스〉의 등장인물이 된 듯한 느낌을 지울 수가 없을 것이다. 뇌는 감각을 통해 들어오는 감각 정보들을 사용하여 세상을 이해하는데, 이를 **지각**perception이라고 부른다. 중요한 건 이 지각에 쓰이는 재료인 감각 정보가 믿음직스럽진 않다는 것이다.

시각, 촉각, 미각 등 여러 감각 정보 중에서도 후각은 특정한 사건을 기억하는 데 중요한 역할을 한다. 그뿐만 아니라 위험한 상황에서 반응하는 첫 번째 감각이기도 하다.

예를 들어, 불길을 보기도 전에 화재의 위험을 느낀다거나 상한 음식을 입에 넣기 전에 구토를 유발하는 식으로 말이다.

후각은 단순히 코로 전해 들어오는 화학적 혼합물의 분자들로만 이루어진 것은 아니다. 잊고 있던 강력한 기억을 이끌어내기도 하고, 보다 높은 목표를 세우게끔 하기도 하고, 문제에 부닥쳤을 때 효율적인 해결책을 찾게 해주기도 한다. 이 말이 사실인지 확인하고 싶으면 빵집 앞에 서 있어 보라. 한 연구에서는 갓 구운 빵 냄새를 맡으면 낯선 사람을 도와줄 확률이 높아진다고 밝혔다. 아마도 빵 굽는 따뜻한 냄새는 긍정적인 기억과 연결되어 있을 확률이 높고 긍정적인 기억은 여유롭고 너그러운 마음 상태로 연결되기 때문일 것이다. 물론 갓 구운 빵을 먹고 심각하게 체한 적이 있다면 빵 굽는 냄새에 기분이 좋아지기는커녕 기분이 더 나빠질 수도 있겠지만 말이다.

후각은 또한 미각과도 밀접하게 연결되어 있는데, 사실 미각도 객관적이진 않다. 뇌는 후각, 촉각, 청각, 시각 정보를 모두 수집한 다음 혀에서 보내는 신호와 조합해서 어떤 맛이라고 분류한다. 즉, 냄새만 달라져도 맛을 다르게 느낄 확률이 높다. 예를 들어 감자칩에서 풍선껌 향이 난다거나 풍선껌에서 찌개 향이 난다면 어떨까? 실제로 풍선껌 맛은 달라진 게 없어도 씹는 동안 오묘한 기분을 떨칠 수 없을 것이다. 풍선껌 향 감자칩이든 찌개 향 풍선껌이든 향이 마음에 들지 않아 코를 막아버린다면 이번엔 거의 아무 맛도 느끼지 못하고 감자칩과 풍선껌의 식감을 고스란히 느끼게 될 것이다. 맛을 섞어서 뇌를 속이는 것도 가능하다. 베리 추출물 정제를 입에 넣고 녹인 후 레몬을 입에 넣는 순간 레몬이 달달하게 느껴지는 경험을 할 수 있다. 베리에 함유된 단백질이 혀에 있는 세포와 결합하면 레몬의 신맛이 중성에 가까워지고 단백질이 활성화되어 뇌에 뭔가 달콤한 것을 먹고 있다는 신호를 보내기 때문이다. 실제로 먹고 있는 것은 신 레몬임에도 불구하고 말이다.

맛은 미각, 후각과만 연결된 것은 아니다. 입안에서 느껴지는 음식의 식감과 한입 베어 물 때 들리는 소리마저도 맛에 영향을 미친다. 감자칩 얘기가 나왔으니 말인데 어릴 때 영화관에 갈 때면 부모님은 내가 즐겨 먹던 감자칩 포장을 뜯어서 얇은 비닐 봉투로 옮겨 담아주셨다. 포장지를 바스락거려 다른 관객들을 방해하면 안 된다고 하시면서 말이다. 평소 먹던 짭짜름하고 바삭한 감자칩을 그저 다른 봉투로 옮겼을 뿐인데도 나는 이 감자칩이 낯설게 느껴졌던 기억이 있다. 실제로 한 연구 결과에서 감자칩의 바삭거리는 소리를 확대해서 들려주면 보통 때보다 감자칩을 더 맛

있게 느낀다고 밝혔다.

 이번엔 색깔이다. 색깔은 사실 연구 논문을 뒤적일 필요도 없이 많은 사람이 중요성을 느끼고 있을 것이다. 파란 스테이크, 까만 피자… 아마 이 이미지를 떠올리는 것만으로 위화감을 느끼고 맛이 상상되었을지도 모르겠다. 실제로 색깔만으로 맛을 짐작할 수도 있기 때문이다. 한 실험에서 어린이들을 두 그룹으로 나누어 한 그룹에게는 빨간색 젤리빈을 또 다른 그룹에게는 노란색 젤리빈을 주었다. 젤리빈은 색깔에 상관없이 똑같은 맛이었다. 그러나 두 그룹의 아이들에게 젤리빈이 무슨 맛일 거 같냐는 질문을 하자 빨간색 젤리빈을 받은 아이들은 단맛이 날 거라고 답했고, 노란색 젤리빈을 받은 아이들은 신맛이 날 거라고 답했다. 이처럼 뇌는 감각 정보를 받아서 해석할 때 객관적 사실을 전달하기보다 개인적인 경험을 토대로 주관적인 분석을 한다는 것이다. 즉, 마음만 먹으면 감각을 속일 수 있으므로 우리를 둘러싼 세계에 대한 이미지도 왜곡될 수 있다.

몰라서 다행인 것들
검열된 감각 정보

피부에는 손이 현재 어디에 놓여있는지, 손가락에 낀 반지는 어떤 느낌인지, 신고 있는 양말은 부드러운지 등등 피부에 닿는 온갖 정보를 수집하는 수많은 수용체가 존재한다. 만약 손가락에 낀 반지가 익숙하지 않다면 처음에는 뭔가가 손가락에 감겨 있다는 사실을 계속 의식하게 된다. 그러나 반지가 익숙해지고 나면 뇌는 반지와 관련된 모든 촉각 정보를 걸러낸다. 다른 것들도 마찬가지다. 걸치고 있는 옷, 앉아 있는 의자, 이마 위에 흘러내린 앞머리, 손에 들고 있는 책 등 뇌는 끊임없이 어떤 감각을 느끼고 있다는 정보를 전달받는다. 그러나 이 모든 정보에 늘 반응해야 한다면 당신도 이 글을 읽는 데 전혀 집중하지 못할 것이다. 그래서 뇌는 평온하게 일상을 보내도록 불필요한 정보는 검열하고 걸러내는 작업을 한다.

소리도 마찬가지다. 소리는 고막 근처에서 벌어지는 일련의 공기압의 변화로, 인간이 들을 수 있는 소리는 압력 변화 중에서도 일부일 뿐이다. 공기압의 변화와 관련된 신호를 뇌가 해석해주어야만 비로소 듣게 되는 것이다. 그래서 우리는 고요한 방에 앉아 있다고 생각하지만 쥐에게는 시끌벅적한 상태일 수도 있다. 만약 뇌가 중요하지 않은 소리들을 걸러내 주지 않는다면 동굴 깊숙이 들어가 조용한 곳에서 은둔생활을 하고 싶을 것이다. 주위의 모든 소리를 다 들을 수 있다고 생각해보라. 카페에 앉아 커피를 마시는 동안 옆 테이블에 앉은 커플의 대화 소리, 다리 떠는 소리, 잔을 내려놓는 소리, 손을 비비는 소리, 테이블 아래 벌레가 움직이는 소리… 상상만으로도 끔찍할 것이다. 그러므로 친구와 수다를 떨거나 음악을 감상하려면 뇌의 도움이 절실하다.

친구와 수다를 떨 때 뇌는 친구의 입에서 나오는 소리가 단순한 소음이 아니라 언어임을 알려준다. 그렇게 되면 파장의 진동이나 진폭에 상관없이 의미를 해석할 수 있게 된다. 낮은 목소리로 말했든 높은 목소리로 말했든 소리를 질렀든 귓속말을 했든 관계없이 그 뜻을 이해하게 되는 것이다. 참고로, 이름을 부르는 소리는 크지 않더라도 뇌는 이 소리의 중요성을 인지하고 필터를 통해 바로 의식으로 전달한다. 그 유명한 칵테일 파티 효과 Cocktail party effect 의 원리가 바로 이것이다.

보이는 것과 보는 것
뇌가 보여주고 싶은 세상

여기서 문제. 다음 머핀 팬에 머핀을 굽는다면 한 번에 몇 개의 머핀을 구울 수 있을까?

정답은 5개다. 머핀 팬의 윗줄 가운데 컵이 볼록하다는 걸 눈치챘다면 이 문제를 푸는 건 식은 죽 먹기였을 것이다. 왜 볼록한지 이해가 안 된다면 그림을 거꾸로 보면 단박에 알 수 있다.

인간의 시각은 사물을 인식할 수 있도록 진화해왔다. 비록 망막에 맺히는 이미지는 2D 평면이지만 뇌는 이 정보를 토대로 들어온 이미지를 3D로 인식할 수 있도록 도와준다. 머핀 팬 그림을 본 뇌의 시각 피질은 빛이 태양처럼 위에서 아래로 쏟아지는 단일 광원을 가정하고 그에 따라 볼록한 면이나 오목한 면 가장자리에 부딪혀 만들어질 그림자와 머핀 팬 그림과 연결한다. 덕분에 그저 명암이 조금 들어간 평면 그림을 보고도 오목하고 볼록한 걸 인식하는 것이다.

그럼 다음 문제로 넘어가보자. 다음 그림에서 2개의 네모 중 어느 게 더 어두워 보이는가?

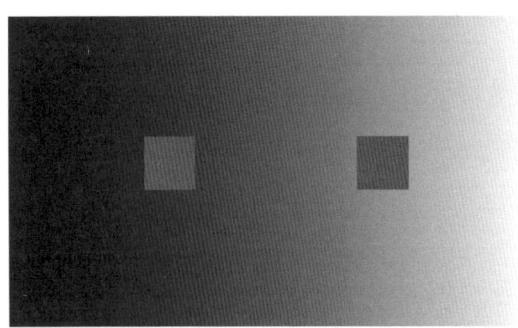

짐작해보건대 '오른쪽'이라고 답하는 사람이 절반 이상일 것이다. 사실 둘 다 똑같은 색이다. 배경을 가리고 네모만 남겨 놓고 비교해보면 확실히 알 수 있다. 오른쪽 네모가 더 어두워 보이는 이유는 시각이 배경색과 네모를 비교해서 대비contrast를 증가시키기 때문이다.

그럼 마지막 문제. 사람은 보통 상대방의 표정을 보면 거의 즉각적으로 기분이 어떤지, 무엇을 표현하고 싶어하는지 알 수 있다. 다음 사진 속 여자가 어떤 감정을 느끼고 있는지 1초 안에 파악해보자.

웃고 있는 것 같긴 한데 뭔가 이상한 걸 느꼈다면 정상이다. 책을 거꾸로 놓고 사진을 다시 보자. 처음 받았던 인상과 완전히 다른 걸 느낄 수 있을 것이다. 눈과 입이 뒤집어져 있기 때문이다.

이 사진은 마이브리트 모세르 교수의 사진으로, 뇌가 중요한 세부사항을 무시하면서까지 지름길을 택한다는 걸 깨닫게 해주는 중요한 자료다. 인간은 주로 입과 눈에 초점을 맞춰 감정을 읽는다. 그런데 사진이 뒤집혀 있자 당황한

뇌는 사진을 다시 제대로 뒤집는다거나 몸을 돌려 제대로 보려는 시간과 노력을 절약하기 위해 즉각적으로 들어온 시각 정보, 즉 뒤집힌 사진에서 유일하게 뒤집어져 있지 않은 눈과 입을 바탕으로 인지적 추론과 가정을 한 것이다. 그 결과 우리는 순간적이지만 사진 속 여성이 웃고 있다고 지각하게 된다.

이렇게 몇 가지 간단한 실험을 통해서 우리가 항상 정확하게 현실 그대로를 보고 있는 것은 아니라는 사실을 입증할 수 있다. 뇌는 입력된 정보를 우리가 믿는 현실에 최대한 가깝도록 해석해내려고 하기 때문에 이렇게 속는 경우가 종종 있다. 정확한 맛, 소리, 냄새, 모양을 그대로 전달하지 않고 '이렇게 들리고, 보이고, 느껴야 마땅하다'라는 것을 기준으로 결과를 내는 것이다.

마치 고의적으로 세상을 왜곡해서 알려주는 것처럼 느낄 수도 있지만, 이 모든 것은 뇌가 몸을 보호하려는 의도에서 비롯된다. 불필요한 것은 인식조차 하지 못하도록 걸러내서 빠르게 결정할 수 있게 하고, 필요한 정보만 얻으면서 세상을 이해하도록 말이다. 이것이 우리가 세상을 지각하는 방식이다. 소리의 데시벨과 헤르츠가 음악으로 들리는 것도, 꽃에서 나는 것은 향기고 하수구에서 나는 것은 악취라고 느끼는 것도, 초콜릿은 달콤하고 상한 음식은 구토를 유발하는 것도 모두 지각이다. 지각이라는 뇌의 선물이 없었다면 인간은 결코 예술을 이해할 수 없었을 것이다. 아니 어쩌면 인류에게 문화 자체가 존재하지 않았을 것이다. 음악도 없이 고요한 세상에서 사는 것은 불보듯 뻔하다. 소리는 그저 공기압의 변화에 지나지 않을 테니 말이다.

지각이 현실보다 나을 수도 있다. 그러나 지각이 곧 현실이기도 하다. 뇌가 항상 감각 정보를 정확하게 해석하고 있다고 보장할 수는 없지만, 항상 최선의 현실을 제공해줄 것임은 보장할 수 있다.

chapter
10

이 사과가 정말 사과일까? – **지각**

에필로그
앞으로 나아가야 할 길

뇌는 우리의 정체성이다. 뇌는 우리로 하여금 사랑에 빠지게도 하고 질투심에 활활 불타오르게도 한다. 우리의 모든 사고와 감정은 뉴런 사이에 주고받는 신호들의 신체물리적 과정이다. 인간의 지능은 뇌의 구성과 뉴런이 소통한 결과물이며 학습 또한 신체물리적 과정이다. 뇌는 학습하면서 변할 수 있고, 생각보다 유연하기도 하다. 약물이나 술, 패스트푸드에서 위안을 찾는 등의 유해한 것도 학습하지만 새로운 언어나 길 찾기처럼 유익한 것들도 학습한다.

이 책이 인간의 뇌와 사고에 대한 수많은 의문에 어느 정도 답이 되었기를 바란다. 그러나 아직도 인간의 사고는 어디서 시작되고, 자유의지란 무엇이며, 실제로 자유의지라는 게 존재하는가와 같은 질문에 대한 답을 얻지는 못했다. 이런 철학적인 질문들뿐만 아니라 알츠하이머병의 원인과 치료법의 개발 같은 신체물리적 과정 그리고 우울증처럼 오로지 증상에만 의존해 진단해야 하는 질환 등 수많은 질문이 뇌과학으로부터 답을 기다리고 있다.

머지않아 베일에 싸여 있던 뇌의 모든 것이 만천하에 드러나게 될 것이다.

내가 왜 이러나 싶을 땐 뇌과학

뇌를 이해하면 내가 이해된다

1쇄 발행 2019년 10월 1일
2쇄 발행 2019년 11월 8일

지은이 카야 노르뎅옌
옮긴이 조윤경
펴낸이 한창훈
펴낸곳 루비페이퍼 / **등록** 2013년 11월 6일(제 385-2013-000053 호)
주소 경기도 부천시 원미구 길주로 252 603호
전화 032-322-6754 / **팩스** 031-8039-4526
홈페이지 www.RubyPaper.co.kr
ISBN 979-11-86710-43-2

편집 이희영
디자인 이대범

* 이 책은 저작권법에 따라 보호받는 저작물이므로 무단 전재와 무단 복제를 금하며, 이 책 내용의 전부 또는 일부를 이용하려면 저작권자와 루비페이퍼의 서면 동의를 받아야 합니다.
* 책값은 뒤표지에 있습니다.
* 잘못된 책은 구입처에서 교환해 드리며, 관련 법령에 따라서 환불해 드립니다. 단 제품 훼손 시 환불이 불가능 합니다.

KCC-은영체 by 황은영, 공유마당, CC BY

일센치페이퍼는 루비페이퍼의 인문 단행본 출판 브랜드입니다.